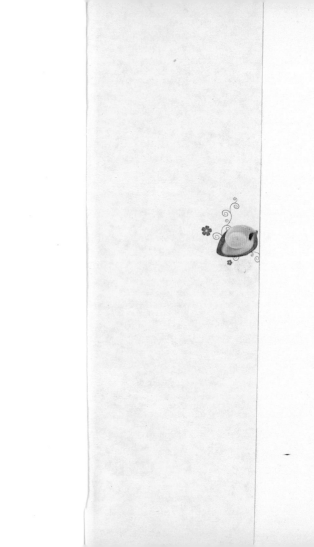

自制天然面膜随身查

段翠翠 编著

天津出版传媒集团

天津科学技术出版社

图书在版编目（CIP）数据

自制天然面膜随身查 / 段翠翠编著 . 一天津：天津科学技术出版社，2013.11（2024.4 重印）

ISBN 978-7-5308-8472-0

Ⅰ . ①自… Ⅱ . ①段… Ⅲ . ①面 – 美容 – 基本知识 Ⅳ . ① TS974.1

中国版本图书馆 CIP 数据核字（2013）第 266983 号

自制天然面膜随身查
ZIZHI TIANRAN MIANMO SUISHENCHA

策划编辑：杨　譞
责任编辑：张　跃
责任印制：刘　彤

出　　版：天津出版传媒集团
　　　　　天津科学技术出版社

地　　址：天津市西康路 35 号
邮　　编：300051
电　　话：（022）23332490
网　　址：www.tjkjcbs.com.cn
发　　行：新华书店经销
印　　刷：鑫海达（天津）印务有限公司

开本 880×1230　1/64　印张 5　字数 160 000
2024 年 4 月第 1 版第 2 次印刷
定价：58.00 元

前言

　　都市女性每天都面临着空气污染、电脑辐射、工作压力、生活不规律等因素的挑战，会出现一系列的肌肤问题，如皮肤黯淡、干燥、老化等。面对这些困扰人的肌肤问题，爱美的你会怎么办？做美容？要花费大量的金钱；买昂贵的化妆品？又怕给肌肤造成二次伤害。其实，在少花钱的基础上获得美丽才是聪明女人的首选。自制面膜绝对是你漫长美容路上最忠实的朋友。

　　自制面膜是时下流行的一种美容方式，既经济又实用。用新鲜果蔬来做安全的物美价廉的营养面膜，把它们直接涂在脸上。水嫩的鲜果，清爽的蔬菜，短短的 20 分钟，果蔬中大量的维生素 C、维生素 E、各种氨基酸、微量元素便会源源不断地渗入肌肤的最底层，让肌肤美美地吃透营养。敷面的同时，毛细血管扩张，血液微循环增加，肌肤中堆积的垃圾、毒素也会被彻底排泄出体外。自制面膜具有许多无法比拟的优点，它方便、实惠，最重要的是不含化学物质，让你的皮肤彻底放松，轻松吸收水分和营养，带给你意想不到的惊喜。持之以恒地使用自制天然面膜，能给肌肤更好的呵护。

本书针对大众女性最关注的肌肤问题，精心提出肌肤问题应对策略：用便宜又天然的蔬菜水果、功效超强的中草药、芳香迷人的精油等自制保养功效超强的面膜。书中共介绍了数百种天然面膜的制作方法，包括补水滋润面膜、美白淡斑面膜、祛痘排毒面膜、抗敏舒缓面膜、抗老活肤面膜、收缩毛孔面膜、瘦脸紧肤面膜、深层清洁面膜、防晒修复面膜。每款面膜均介绍了美容功效、所需材料、工具、制作方法和使用方法，并配有精美的图片，简单、方便，一般居家条件即可完成，让你天天都拥有最佳的肌肤状态。

目录

第一章
自制面膜须知

第二章
补水滋润面膜

第三章
美白祛斑面膜

第四章
控油祛痘面膜

第五章
抗敏舒缓面膜

第六章
抗老活肤面膜

第七章
收缩毛孔面膜

第八章
瘦脸紧肤面膜

第九章
深层清洁面膜

第十章
防晒修复面膜

第一章
自制面膜须知

　　自制面膜是利用常见的水果、蔬菜、五谷杂粮、花草茶品、蛋乳或中草药等天然原材料配制而成、可以敷在肌肤上的一种面膜。本章将为你呈现自制面膜的基础知识，助你打造最完美的肌肤。

天然面膜与成品面膜

举世闻名的埃及艳后晚上常常在脸上涂抹蛋清，蛋清干了便在脸上形成一层膜，早上起来用清水洗掉，可令脸上的肌肤柔滑、娇嫩，保持青春的光彩。唐代"回眸一笑百媚生"的杨贵妃，传言说她美艳动人。杨贵妃的美艳动人，除饮食起居等生活条件优越外，还得益于她常用专门调制的面膜。

杨贵妃的面膜并不难，取珍珠、白玉、人参适量，研磨成细粉，用上等藕粉混合，调和成膏状敷于脸上，静待片刻，然后洗去。

时代在变，今天，面膜已经成为日常美容的一部分。现在市场上销售的各种面膜让人眼花缭

乱，这些经过加工的面膜一般都会加入一些化学成分和香料，常使用这些面膜对肌肤有潜在的副作用。现在，护肤品的安全性越来越被广泛地关注，大家在爱美的同时也越来越关注美容用品的安全可靠性。天然的东西总是备受宠爱，"天然"

在人们心目中代表了健康和信任。于是，很多厂家为了迎合顾客的心理，扯着"天然"的招牌，大肆生产诸如"天然保湿因子""纯植物精华"等。但是，这些产品经过厂家的加工，还是让人们多少有点顾忌。于是，爱美人士和崇尚天然的人选择了更加天然的
自制美容品，自制面膜便是最受欢迎的一种。

　　现在，市场上销售的品牌面膜价格都很贵，价格和给皮肤带来的改善效果是不成正比的。护肤品的定价非常复杂，它和护肤品品牌历史、科研投入、包装材料、后期营销手段、广告费用等息息相关，很难说价钱贵品质就好。既然市场上的面膜不但价格贵，而且使用了还可能对肌肤有副作用，那还不如就像埃及艳后、杨贵妃一样利用天然的材料做面膜。利用生活中随手可得的简易材料，自己制作面膜可能稍微麻烦些，但它是纯天然，不含化学成分，并且成本低、效果好。持之以恒地使用天然面膜，能给肌肤更好的呵护。

测测您的肤质类型

在购买美容护肤品之前，一定要先搞清楚自己的肤质类型，然后再根据自己的肤质选择最适合的护肤产品和保养方式，这样才能事半功倍。我们的肤质一般可分为五种类型：油性肤质、中性肤质、干性肤质、混合性肤质、敏感性肤质。但是，肤质并非一直都是固定不变的，有时可能是混合偏干性，有时可能是混合偏油性，而且肤质还会随着皮肤状况、环境与季节的变化而改变，所以日常保养用品皆须根据肤质加以挑选。

1. 肤质类型测试表

1. 你的脸上会泛油光吗？是 __ 否 __

泛油光的部位是：鼻翼 __ 前额 __ 下巴 __ 脸颊 __

2. 你是不是老觉得脸上油腻腻的？是 __ 否 __

油腻的地方是：鼻翼 __ 前额 __ 下巴 __ 脸颊 __

3. 容易长痘痘、粉刺、黑头或是暗疮？是 __ 否 __

4. 你的皮肤看起来干燥吗？是 __ 否 __

干燥的部位是：鼻翼 __ 前额 __ 下巴 __ 脸颊 __

5. 脸上有脱皮的现象吗？是 __ 否 __

脱皮的地方是: 鼻翼 __ 前额 __ 下巴 __ 脸颊 __

6. 脸部常有紧绷感与脱屑现象吗? 是 __ 否 __

7. 脸部虽有紧绷感, 但还算光滑, 不至于太干燥? 是 __ 否 __

8. 使用保养品时, 皮肤常会有红肿等过敏现象? 是 __ 否 __

做完测试表, 现在看看你属于哪类肤质, 了解自己的肤质后, 你就可以轻易地掌握美容的大方向了。

2. 中性肤质

第1、2题皆答"是", 而且脸上只有 2~3 个地方有油光; 第4~8题皆答"否"。

特征

洁面后 6~8 小时出现面油。

细腻有弹性, 不发干也不油腻。

天气转冷时偏干, 天热时可能出现少许油光。

保养适当, 皱纹很晚才出现。

很少有痘痘及阻塞的毛孔。

比较耐晒, 不易过敏。

护理重点

此类皮肤基本上没什么问题，日常护理以保湿为主。中性肤质很容易因缺水缺养分而转为干性肤质，所以应该使用锁水保湿效果好的护肤品。如保养适当，可以使皱纹很晚才出现。

3. 油性肤质

第1、2、3题皆答"是"，而且泛油光的部位几乎是全脸；第4~7题皆答"否"。

特征

洁面1小时后开始出现面油。

较粗糙，有油光。

夏季油光严重，天气转冷时易缺水。

不易产生皱纹。

皮质厚且易生暗疮、青春痘、粉刺等。

易出油，不易过敏。

护理重点

以清洁、控油、补水为主，防止毛孔堵塞，平衡油脂分泌，防止外油内干。

应选用具有控油作用的洁面用品，要定期做深层清洁，去掉附着毛孔中的污物。用平衡水、控油露之类的护肤品调节油脂分泌。使用清爽配方的爽肤水、润肤露等做日常护养品，锁水保湿。

不偏食油腻食物，多吃蔬菜、水果和含 B 族维生素的食物，养成规律的生活习惯。

4. 干性肤质

第 4~6 题皆答"是"，而且全脸皆有干燥感；第 1、2、7 题皆答"否"。

特征

洁面 12 小时内不出现面油。

细腻，容易干燥缺水。

季节变换时紧绷，易干燥、脱皮。

容易生成皱纹，尤以眼部及口部四周明显。

易脱皮，易生红斑及斑点，很少长粉刺和暗疮。

易被晒伤，不易过敏。

护理重点

以补水、滋养为主，防止肌肤干燥缺水、脱皮或皲裂，延迟衰老。

应选用性质温和的洁面品，如滋润型的营养水、乳液、面膜等，以使肌肤湿润不紧绷。

每天坚持做面部按摩，改善血液循环。

注意膳食营养的平衡，脂肪可稍多一些。冬季室内受暖气影响，肌肤会变得更加粗糙，因此室内宜使用加湿器。并避免风吹或过度日晒。

5. 混合性肤质

第1、2、5题回答"是"，但症状出现的部位可能会有不同；第4、7、8题答"是"，第6题答"否"。

特征

洁面2~4小时后脸庞中部、额头、鼻梁、下颌起油光，其余部位正常或者偏干燥。

不易受季节变换影响。

不易生皱纹。

T形部位(额头、鼻子、下巴)易生粉刺。

比较耐晒，缺水时易过敏。

护理重点

以控制T形区分泌过多的油脂为主，收缩毛孔，并滋润干燥部位。

选用性质较温和的洁面用品，定期深层清洁T形部位，使用收缩水帮助收细毛孔。

选用清爽配方的润肤露(霜)、面膜等进行日常护养，注意保持肌肤水分平衡。

要特别注意干燥部位的保养，如眼角等部位要加强护养，防止出现细纹。

6. 敏感性肤质

第4、5、6、8题答"是"，其余题皆答"否"。

特征

容易出现小红丝。

皮肤较薄，脆弱，缺乏弹性。

换季或遇冷热时皮肤发红、易起小丘疹。

易过敏，易晒伤。

护理重点

这类皮肤很麻烦，要特别小心，不要太用力揉搓面部肌肤，以免产生红丝。

尽量选用配方清爽柔和、不含香精的护肤品，注意避免日晒、风沙、骤冷骤热等外界刺激。

选用护肤品时，先在耳朵后、手腕内侧等地方试用，确定没有过敏现象后再使用。

一旦发现过敏症状，立即停用所有的护肤品，情况严重者最好到医院寻求专业帮助。

各种肤质使用面膜的频率

肤质类型	深层清洁面膜	补水滋润面膜	美白祛斑面膜	活颜亮彩面膜
干性	2周1次	1周2~3次	1周1次	1周1~2次
中性	1周1次	1周1~2次	1周1~2次	1周1~2次
油性	1周2次	1周1~2次	1周2次	1周2次
混合性	1周1~2次	1周1~2次	1周2次	1周1~2次
敏感性	1个月1次	1周2~3次	1周2~3次	1周1~2次

肤质类型	瘦脸紧肤面膜	收缩毛孔面膜	抗老活肤面膜	祛痘排毒面膜
干性	1周1次	1周1次	1周1次	2周1次
中性	1周1~2次	1周~2次	1周1次	1周1次
油性	1周1~2次	1周1次	1周1次	1周2~3次
混合性	1周1~2次	1周1~2次	1周1次	1周2次
敏感性	1周1次	1周1次	1个月1次	1个月1次

面膜的种类及功效

　　面膜的种类很多，按功效不同分为补水滋润面膜、美白祛斑面膜、毛孔收缩面膜、瘦脸紧肤面膜、活颜亮采面膜、抗老活肤面膜、抗敏舒缓面膜等，可根据皮肤的肤质选择适合自己的面膜。

1. 补水滋润面膜

　　迅速补充肌肤所需的水分和养分，令肌肤清新明润，特别适合中、干性肤质。其他肤质于干燥季节亦适合。

2. 美白祛斑面膜

　　抑制黑色素的生成并淡化色斑，美白净化肌肤，让肌肤柔软细致，适用于各种肌肤。

3. 毛孔收缩面膜

　　有效抑制肌肤过剩的油脂分泌，收敛粗大毛孔，预防暗疮生成。同时提高肌肤保湿能力，令肌肤达到水油平衡的理想状态，清爽细致，收缩毛孔的效果立竿

见影。适用于任何肌肤，特别是中油性、毛孔粗大的肌肤。

4. 抗老活肤面膜

紧实除皱、预防肌肤老化，把肤质调整到年轻细致的最佳状态。适用于各种肌肤，特别是中干性及老化肌肤。

5. 抗敏舒缓面膜

面膜中的养分能被皮肤迅速吸收，并帮助调理及舒缓皮肤，改善肌肤敏感症状，缓解肌肤不适，使肌肤光滑柔细，美艳动人。适用于敏感肌肤、脆弱肌肤。

6. 瘦脸紧肤面膜

消除皮下多余脂肪、排除毒素及多余水分、防止肌肤发炎浮肿，激活细胞再生、紧实肌肉，达到瘦脸紧肤的效果。适用于各种肌肤，特别是浮肿松弛的肌肤。

制作面膜的基本用具与材料

制作天然面膜，基本用具与材料是不可缺少的，本书中所提到的用具都是简单易找的，并且每种面膜的制作过程中都不会使用很多器材。制作面膜的材料也都是生活中随手可得的。

1. 制作面膜的基本用具

"工欲善其事，必先利其器。"在自制面膜之前，除了准备材料，要使用的器材也应事先准备妥当，许多器材其实不需要特别购买，可能在您家里的厨房就可以找到。

量匙、滴管

量匙可以用来称取分量较少的粉状或液状材料，一串四支，1 大匙为 15 克，1 小匙为 5 克，1/2 小匙为 2.5 克，1/4 小匙为 1.25 克。

有些材料只需几滴就行了，如精油，这时就需要滴管帮助。

不锈钢锅

用来融化材料，如透明皂基、凡士林等。建议选购有把手的锅。

滤网

可以过滤蔬果汁或粉状物的残渣。

搅拌器

用来搅拌混合材料,将材料搅拌均匀。

钵、研磨棒

用来研磨不是非常坚硬的固体材料,将其研磨成小颗粒或粉末状,或是用来将面膜充分搅拌均匀。

磨泥器

可将水果果肉或果皮磨成泥状。

玻璃器皿

方便搅拌材料或做备用的容器。建议选购小型(约100克)和中型(约200克)玻璃器皿各1个,以座底窄上缘宽的圆锥状为佳。

榨汁机

能够将原材料搅拌均匀,或是将蔬菜、水果等材料搅碎。

2. 自制面膜的基本材料

　　自己动手制作面膜，可选用的天然材料有新鲜的水果、蔬菜、鸡蛋、蜂蜜和维生素等，它们的副作用少，不受环境和经济条件的限制，是物美价廉的美容佳品。

海洋深层矿泉水

　　海洋深层矿泉水含有多种矿物质，且因渗透力强较易被肌肤吸收，适合制作除化妆水外的其他保养品。在便利店、商场即可买到。

粉类

　　面粉、绿豆粉、玉米粉、杏仁粉是制作面膜的常用材料，可使面膜呈黏稠状。

蔬菜

　　蔬菜含丰富维生素、纤维质及矿物质，不仅能帮助消化，更是护肤美颜的天然材料。

水果

　　新鲜水果富含维生素、矿物质、氨基酸、蛋白质等丰富的营养成分，当仁不让地成为增强肌肤美丽的天然内在动力。

糖类

蜂蜜能促进血液循环和肌肤的新陈代谢，果糖是花草茶和蔬菜汁的提味添加品。

花草

可针对个人的需要选择适合的花草，它们可舒缓压力、瘦身美容。

植物精油

依据不同需求来选择适合的精油种类，可以添加于保养品、按摩油中，具有舒缓、减压、抗菌等功效，亦可作为熏香用。

维生素C、维生素E

维生素C能抑制皮肤色素形成，润泽肌肤。维生素E能抵抗环境对肌肤所造成的刺激与伤害。

奶制品

奶制品能保护皮肤表皮、防裂、防皱，使皮肤光滑柔软、滋润，对面部皱纹有消除作用。奶制品还能为皮肤提供封闭性油脂，形成薄膜以防皮肤水分蒸发。

面膜的使用常识

面膜是肌肤的保养大餐，护肤功效极佳，但若使用不当，"大补品"也会伤身。假如过度使用面膜，使皮肤角质层变薄，就会导致面部皮肤保护力下降，容易出现过敏、脱皮等问题。因此，使用面膜时一定要掌握以下常识，让面部越敷越美丽。

1. 敷面膜按以下步骤进行

①用 20℃左右的水洗脸。

②用干毛巾或面巾纸轻轻印干脸上的水。

③在前面发际处喷点水，再把头发固定，防止碎头发掉下来。

④面膜挤在手心上，先整个薄薄涂一层，再补上一层。

⑤鼻子和下巴的油脂比较多，面膜要完全覆盖住毛孔。

⑥两颊也要涂满，不要露出皮肤。

⑦要避开眼周和嘴周，除非有特别说明可以使用在眼唇周围。

⑧检查一下，有没有没敷均匀的地方，可以再补一些。

⑨让面膜在脸上停留 10~15 分钟，时间不宜过长。

⑩冲洗时最好用海绵吸水后仔细擦拭，特别是鼻翼旁凹陷的地方。

2. 敷完面膜后，马上要进行的保养工作

①拍上化妆水，补充角质层的水分。

②擦上乳液，给肌肤足够的营养。

3. 使用面膜的注意事项

涂抹面膜之前使用的洁面品、面膜的用量、皮肤的温度、使用面膜时周围环境的温度等，都会影响面膜的功能效果。面膜也不宜在脸上停留过长的时间，如果停留的时间过长，面膜反而会吸收皮肤中的水分，而且在揭除时会有疼痛感。对这些细小的问题，一定要注意。

脸部汗毛的生长方向是自上而下，所以由上往下揭除一般对肌肤不会有什么影响。但有些去角质的面膜要逆着汗毛生长的方向揭除，效果才好。

秋冬的肌肤容易干燥脱皮，而面膜则可以在短时间内给肌肤以充足的营养，迅速提高肌肤表层含水量，并带来深层滋润效果，是强化护理肌肤的佳品。因此，秋冬时节应定期为肌肤进行深层清洁护理和滋补。

第二章
补水滋润面膜

　　水分是美丽肌肤的第一要素，而保湿面膜是集中供给肌肤所需天然水分的"急救站"，可以快速输送能量和水分；有效提升肌肤的水分含量，帮助缓解肌肤的干燥与缺水状况。

南瓜
蛋醋
面膜

适用肤质	使用频率	面膜功效	保存期限
各种肤质	1~2 次 / 周	补水润泽	冷藏 2 天

美容功效 cosmetics effect ▼

这款面膜富含阿尔法羟基、醋酸等成分，能深层润
泽肌肤，补充肌肤所需的水分与营养，令肌肤水润
细嫩。

材料 ingredients ▼

南瓜 60 克，鸡蛋 1 个，白醋 5 克。

工具 tools ▼

锅，面膜碗，面膜棒。

制作方法和使用方法 diy beauty and skin care ▼

❶ 将南瓜洗净去皮去子，放入锅中蒸熟，捣成泥，
放凉待用。

❷ 将鸡蛋磕开，充分打散。

❸ 将南瓜泥、白醋、蛋液倒入面膜碗中，用面膜棒
调匀即成。

❹ 洁面后，将调好的面膜涂抹在脸上（避开眼部、
唇部四周的肌肤），10 ~ 15 分钟后用温水洗净即可。

胡萝卜黄瓜珍珠

面膜

适用肤质	使用频率	面膜功效	保存期限
各种肤质	1~3次/周	润泽滋养	冷藏4天

美容功效 cosmetics effect ▼

这款面膜含有丰富的维生素、胡萝卜素、纤维素及植物精华成分，能深层润泽肌肤，补充肌肤所需营养与水分，令肌肤水漾嫩白。

材料 ingredients ▼

胡萝卜、黄瓜各1根，鸡蛋1个，珍珠粉适量。

工具 tools ▼

搅拌器，面膜碗，面膜棒。

制作方法和使用方法 diy beauty and skin care ▼

① 胡萝卜、黄瓜分别洗净切块，放入搅拌器搅拌成泥。

② 鸡蛋磕开，充分搅拌，打至泡沫状。

③ 将蔬菜泥、鸡蛋液倒入面膜碗中，加入珍珠粉，用面膜棒搅拌均匀即成。

④ 洁面后，将调好的面膜涂抹在脸上（避开眼部、唇部四周的肌肤），10～15分钟后用温水洗净即可。

鸡蛋
牛奶
面膜

适用肤质	使用频率	面膜功效	保存期限
各种肤质	2~3次／周	滋养肌肤	冷藏 1 周

美容功效 cosmetics effect ▼

蛋黄对皮肤有很强的保湿作用，牛奶具有滋润营养的作用。此款面膜可使肌肤柔嫩细滑，充满弹性。

材料 ingredients ▼

鸡蛋 1 个，牛奶 2 大匙，面粉 4 大匙。

工具 tools ▼

面膜碗，面膜棒。

制作方法和使用方法 diy beauty and skin care ▼

❶ 鸡蛋取蛋黄放在碗里，倒入牛奶搅拌均匀。

❷ 最后加入面粉，用面膜棒搅拌均匀即可。（搅拌时要注意，一定要顺着同一个方向搅拌，这样面粉不容易起疙瘩。直到搅拌成糊状为止。这款面膜不能有疙瘩，否则会影响美容效果。）

❸ 洁面后，将调好的面膜涂抹在脸上（避开眼部、唇部四周的肌肤），10~15分钟后用温水洗净即可。

菠菜牛奶面膜

适用肤质	使用频率	面膜功效	保存期限
各种肤质	2~3次/周	滋养保湿	冷藏1天

美容功效 cosmetics effect ▼

这款面膜富含天然保湿因子，能快速锁住肌肤水分，让肌肤年轻而有光泽。

材料 ingredients ▼

菠菜50克，牛奶10克。

工具 tools ▼

榨汁机，面膜碗，面膜棒，面膜纸。

制作方法和使用方法 diy beauty and skin care ▼

❶ 菠菜洗净，榨汁，置于面膜碗中。

❷ 在面膜碗中加入牛奶，搅拌均匀。

❸ 在调好的面膜中浸入面膜纸，泡开即成。

❹ 洁面后，将泡好的面膜纸敷在脸上（避开眼部、唇部四周的肌肤），10～15分钟后用温水洗净即可。

火龙果泥
面膜

适用肤质	使用频率	面膜功效	保存期限
各种肤质	1~2次/周	保湿抗皱	冷藏3天

美容功效 cosmetics effect ▼
这款面膜含丰富的维生素C、花青素，能有效淡化皱纹，补充水分。

材料 ingredients ▼
火龙果1个。

工具 tools ▼
捣蒜器，面膜碗。

制作方法和使用方法 diy beauty and skin care ▼
❶ 火龙果切开，取果肉，捣成泥即成。
❷ 洁面后，将调好的面膜涂抹在脸上（避开眼部、唇部四周的肌肤），10～15分钟后用温水洗净即可。

香蕉
面膜

适用肤质	使用频率	面膜功效	保存期限
各种肤质	1~2次/周	补水保湿	立即使用

美容功效 cosmetics effect ▼

香蕉富含胡萝卜素、维生素B和维生素C、碳水化合物及多种矿物质，能提供肌肤所需水分与养分，令肌肤持久润泽。

材料 ingredients ▼

香蕉1根。

工具 tools ▼

捣蒜器，面膜碗，面膜棒。

制作方法 diy beauty ▼

❶ 将香蕉去皮切块，放入捣蒜器中捣成泥状。
❷ 将香蕉泥倒入面膜碗中，用面膜棒充分搅拌均匀即成。

红茶红糖

面膜

适用肤质	使用频率	面膜功效	保存期限
各种肤质	1~2 次 / 周	补水滋润	冷藏 7 天

美容功效 cosmetics effect ▼

这款面膜含有丰富的糖分、矿物质及甘醇酸,甘醇
酸是一种分子最小的果酸,能促进肌肤的新陈代谢,
而糖分及矿物质能吸收水分,保持肌肤的润泽度。

材料 ingredients ▼

红茶叶、红糖各 30 克,纯净水 100 克,面粉 50 克。

工具 tools ▼

搅拌器,面膜碗,面膜棒。

制作方法和使用方法 diy beauty and skin care ▼

❶ 将红茶叶、红糖加水煎煮,煮至浓稠后,放凉备用。
❷ 将红茶红糖汁倒入面膜碗中,加入面粉。
❸ 用面膜棒充分搅拌,调成均匀的糊状即成。
❹ 洁面后,将调好的面膜涂抹在脸上(避开眼部、
唇部四周的肌肤),10 ~ 15 分钟后用温水洗净即可。

红酒蜂蜜面膜

适用肤质	使用频率	面膜功效	保存期限
各种肤质	1~2次/周	净化保湿	冷藏3天

美容功效 cosmetics effect ▼

这款面膜富含酒石酸、单宁酸及红酒多酚等美容成分，能补充肌肤所需的水分与养分，让肌肤长久润泽。

材料 ingredients ▼

红酒50克，蜂蜜1匙。

工具 tools ▼

面膜碗，面膜棒。

制作方法和使用方法 diy beauty and skin care ▼

❶ 将红酒倒在面膜碗中。

❷ 缓缓加入蜂蜜，用面膜棒充分搅拌调和均匀即成。

❸ 洁面后，将调好的面膜涂抹在脸上（避开眼部、唇部四周的肌肤），10~15分钟后用温水洗净即可。

香蕉 番茄 面膜

适用肤质	使用频率	面膜功效	保存期限
各种肤质	1~2 次 / 周	锁水保湿	冷藏 1 周

美容功效 cosmetics effect ▼
这款面膜富含蛋白质、矿物盐、钾等有效保湿成分，能有效促进肌肤新陈代谢，增强肌肤的锁水能力，让肌肤持久保持水嫩。

材料 ingredients ▼
香蕉 1 根，番茄 1 个，淀粉 5 克。

工具 tools ▼
搅拌器，面膜碗，面膜棒。

制作方法和使用方法 diy beauty and skin care ▼
❶ 将香蕉去皮，番茄洗净切块，一同放入搅拌器中打成泥。
❷ 将打好的泥倒入面膜碗中，加入淀粉，用面膜棒搅拌均匀即成。
❸ 洁面后，将调好的面膜涂抹在脸上（避开眼部、唇部四周的肌肤），10 ~ 15 分钟后用温水洗净即可。

番茄 蜂蜜 面膜

适用肤质	使用频率	面膜功效	保存期限
老化肤质	1~2 次 / 周	营养润泽	冷藏 1 周

美容功效 cosmetics effect ▼
这款面膜富含矿物质、维生素、乳酸、酶、激素及糖类等保湿精华，可为肌肤提供全方位的营养，深层滋补肌肤，让肌肤保持年轻水嫩。

材料 ingredients ▼
番茄 30 克，蜂蜜 10 克。

工具 tools ▼
搅拌器，面膜碗，面膜棒。

制作方法和使用方法 diy beauty and skin care ▼
❶ 将番茄洗净切成小块，放入搅拌器打成泥。
❷ 将番茄泥倒入面膜碗，加入少许蜂蜜，用面膜棒搅拌均匀即成。
❸ 洁面后，将调好的面膜涂抹在脸上（避开眼部、唇部四周的肌肤），10 ～ 15 分钟后用温水洗净即可。

莴笋汁
面膜

适用肤质	使用频率	面膜功效	保存期限
各种肤质	2~3 次 / 周	保湿收敛	冷藏 3 天

美容功效 cosmetics effect ▼

这款面膜含丰富的维生素，能有效保养肌肤润泽，具有收缩毛孔、淡化等美容功效。

材料 ingredients ▼

莴笋 100 克。

工具 tools ▼

榨汁机，面膜碗，面膜纸。

制作方法和使用方法 diy beauty and skin care ▼

❶ 莴笋取杆部，去皮洗净。

❷ 榨汁，置于面膜碗中，浸入面膜纸，泡开即成。

❸ 洁面后，将泡好的面膜纸敷在脸上（避开眼部、唇部四周的肌肤），10 ~ 15 分钟后用温水洗净即可。

番茄酸奶面膜

适用肤质	使用频率	面膜功效	保存期限
干性肤质	1~2 次 / 周	补水润泽	冷藏 3 天

美容功效 cosmetics effect ▼

这款面膜富含番红素、天然水分等营养，可加强肌肤的水分，给肌肤最充实的滋润感。

材料 ingredients ▼

番茄 2 个，酸奶 1/2 杯。

工具 tools ▼

搅拌器，面膜碗，面膜棒。

制作方法 diy beauty ▼

❶ 将番茄洗净切块，放入搅拌器打成泥。

❷ 将番茄泥倒入面膜碗中，加入酸奶，用面膜棒混合均匀即可。

西瓜汁
面膜

适用肤质	使用频率	面膜功效	保存期限
各种肤质	2~3 次 / 周	补水保湿	立即使用

美容功效 cosmetics effect ▼
这款面膜能有效地被肌肤吸收，可有效补充肌肤所需的水分与养分。

材料 ingredients ▼
西瓜 100 克。

工具 tools ▼
捣蒜器，面膜碗，面膜棒。

制作方法 diy beauty ▼
❶ 西瓜去皮切块，放入捣蒜器中捣成泥状。
❷ 将西瓜泥倒入面膜碗中，用面膜棒充分搅拌均匀即成。

橘汁芦荟
面膜

适用肤质	使用频率	面膜功效	保存期限
各种肤质	1~2 次 / 周	补水美白	冷藏 3 天

美容功效 cosmetics effect ▼

这款面膜富含维生素、木质素等营养，能在肌肤上生成透明保湿膜，保持肌肤滋润。

材料 ingredients ▼

芦荟叶1片,柑橘1个,维生素E胶囊1粒,面粉适量。

工具 tools ▼

榨汁机，面膜碗，面膜棒。

制作方法 diy beauty ▼

❶ 将芦荟洗净去皮，柑橘剥开，一同放入榨汁机打成汁。

❷ 将果汁、面粉倒入面膜碗中，滴入维生素E油，用面膜棒调匀即成。

33

丝瓜
面膜

适用肤质	使用频率	面膜功效	保存期限
各种肤质	1~3 次 / 周	美白保湿	冷藏 2 天

美容功效 cosmetics effect ▼

这款面膜能深层滋养肌肤，补充肌肤水分，抑制肌肤黑色素的形成，可美白肌肤。

材料 ingredients ▼

丝瓜 1 条。

工具 tools ▼

榨汁机，面膜碗，面膜纸。

制作方法和使用方法 diy beauty and skin care ▼

❶ 丝瓜洗净，去皮及子，榨汁，倒入面膜碗。

❷ 在丝瓜汁中浸入面膜纸，泡开即成。

❸ 洁面后，将泡好的面膜纸敷在脸上（避开眼部、唇部四周的肌肤），10 ～ 15 分钟后用温水洗净即可。

鸡蛋
橄榄油
面膜

适用肤质	使用频率	面膜功效	保存期限
各种肤质	1~2次／周	锁水保湿	冷藏7天

美容功效 cosmetics effect ▼

这款面膜富含脂肪酸及天然脂溶性维生素，可使肌肤吸收更好，防止水分流失。

材料 ingredients ▼

鸡蛋1个，橄榄油10克。

工具 tools ▼

面膜碗，面膜棒。

制作方法 diy beauty ▼

❶ 将鸡蛋磕开，充分打散。
❷ 将蛋液倒入面膜碗中，加入橄榄油，用面膜棒充分搅拌均匀即可。

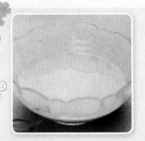

香蕉
蜂蜜
面膜

适用肤质	使用频率	面膜功效	保存期限
干性肤质	1~2 次 / 周	营养润泽	冷藏 7 天

美容功效 cosmetics effect ▼

这款面膜富含维生素、矿物质等营养素，能深层润泽肌肤，防止皮肤皲裂。

材料 ingredients ▼

香蕉 100 克，蜂蜜 1 匙。

工具 tools ▼

搅拌器，面膜碗，面膜棒。

制作方法 diy beauty ▼

❶ 将香蕉剥皮切块，放入搅拌器中打成泥。

❷ 将香蕉泥倒入面膜碗中，加入蜂蜜，用面膜棒搅拌均匀即成。

黄瓜维E面膜

适用肤质	使用频率	面膜功效	保存期限
各种肤质	1~3 次 / 周	补水修复	冷藏 3 天

美容功效 cosmetics effect ▼
黄瓜含水量高达 96％ ~ 98％，能快速补充肌肤水分，促进机体新陈代谢和血液循环，达到润肤美容的目的。

材料 ingredients ▼
黄瓜 100 克，维生素 E 胶囊 1 粒，橄榄油 5 克。

工具 tools ▼
搅拌器，面膜碗，面膜棒。

制作方法和使用方法 diy beauty and skin care ▼
❶ 黄瓜洗净去皮，放入搅拌器中搅拌成泥状。
❷ 将黄瓜泥倒入面膜碗中，戳开维生素 E 胶囊，滴入维生素 E 油。
❸ 再加入橄榄油，用面膜棒搅拌均匀即成。
❹ 洁面后，将调好的面膜涂抹在脸上（避开眼部、唇部四周的肌肤），10 ~ 15 分钟后用温水洗净即可。

花粉蛋黄鲜奶

面膜

适用肤质	使用频率	面膜功效	保存期限
各种肤质	1~3 次 / 周	滋养保湿	冷藏 3 天

美容功效 cosmetics effect ▼

这款面膜含有极为丰富的美肤有效成分，能深层滋养、净化肌肤，锁住肌肤水分不流失，令肌肤水润清透，自然亮泽。

材料 ingredients ▼

鸡蛋 1 个，鲜奶、花粉、面粉各 10 克。

工具 tools ▼

面膜碗，面膜棒。

制作方法和使用方法 diy beauty and skin care ▼

❶ 鸡蛋磕开，取鸡蛋黄，置于面膜碗中。

❷ 在面膜碗中加入花粉、鲜奶、面粉，用面膜棒搅拌均匀即成。

❸ 洁面后，将调好的面膜涂抹在脸上（避开眼部、唇部四周的肌肤），10 ~ 15 分钟后用温水洗净即可。

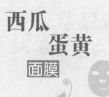

西瓜
蛋黄
面膜

适用肤质	使用频率	面膜功效	保存期限
各种肤质	1~2 次 / 周	滋养保湿	立即使用

美容功效 cosmetics effect ▼

这款面膜富含维生素、矿物质、糖类等营养素，能迅速被肌肤所吸收,令肌肤持久细腻清新、水润白皙。

材料 ingredients ▼

西瓜 50 克，鸡蛋 1 个，面粉 10 克。

工具 tools ▼

捣蒜器，面膜碗，面膜棒。

制作方法 diy beauty ▼

❶ 西瓜去皮切块，放入捣蒜器中捣成泥状。
❷ 鸡蛋磕开取鸡蛋黄放入面膜碗里，加入面粉，用面膜棒充分搅拌均匀即成。

益母草
保湿
面膜

适用肤质	使用频率	面膜功效	保存期限
各种肤质	1~2 次 / 周	保湿祛痘	冷藏 3 天

美容功效 cosmetics effect ▼

这款面膜富含有硒、益母草碱、芦丁等独特成分，能增强肌肤细胞活力，锁住肌肤水分，令肌肤水润动人。

材料 ingredients ▼

益母草粉、面粉各 10 克，滑石粉 3 克。

工具 tools ▼

面膜碗，面膜棒。

制作方法 diy beauty ▼

❶ 在面膜碗中加入益母草粉、面粉、滑石粉。

❷ 继续加入适量纯净水，搅拌均匀即成。

丝瓜
鸡蛋
面膜

适用肤质	使用频率	面膜功效	保存期限
中性 / 干肤	2~4 次 / 周	补水保湿	冷藏 2 天

美容功效 cosmetics effect ▼

这款面膜富含植物黏液、维生素及矿物质等成分，能清洁肌肤，补充水分，维持肌肤角质层的正常含水量，令肌肤水润清透。

材料 ingredients ▼

丝瓜 50 克，鸡蛋 1 个。

工具 tools ▼

捣蒜器，面膜碗，面膜棒。

制作方法 diy beauty ▼

❶ 丝瓜洗净，去皮及子，入捣蒜器捣成泥。

❷ 鸡蛋磕开，滤取鸡蛋黄，与丝瓜泥一同倒入面膜碗中。

❸ 用面膜棒搅拌均匀即成。

米汤
面膜

适用肤质	使用频率	面膜功效	保存期限
各种肤质	1~3 次 / 周	补水保湿	冷藏 1 天

美容功效 cosmetics effect ▼

这款面膜营养丰富，能有效润泽肌肤，提升肌肤锁水力，令肌肤细腻光滑。

材料 ingredients ▼

大米 50 克。

工具 tools ▼

锅，面膜碗，面膜棒，面膜纸。

制作方法和使用方法 diy beauty and skin care ▼

❶ 大米洗净，加水煮沸，15 分钟后关火。
❷ 将米汤倒入面膜碗中，凉凉放入面膜纸即成。
❸ 洁面后，将泡好的面膜纸敷在脸上（避开眼部、唇部四周的肌肤），10 ~ 15 分钟后用温水洗净即可。

莴笋 黄瓜 面膜

适用肤质	使用频率	面膜功效	保存期限
各种肤质	1~3 次 / 周	保湿清洁	冷藏 1 天

美容功效 cosmetics effect ▼

这款面膜含丰富的美肤营养，能锁住肌肤水分，同时清洁肌肤，令肌肤自然水润。

材料 ingredients ▼

莴笋 50 克，黄瓜 30 克，优酪乳 15 克。

工具 tools ▼

榨汁机，面膜碗，面膜棒。

制作方法 diy beauty ▼

❶ 莴笋、黄瓜分别去皮，洗净榨汁。
❷ 将两种汁液一同置于面膜碗中。
❸ 继续加入优酪乳，搅拌均匀即成。

蛋清
瓜皮
面膜

适用肤质	使用频率	面膜功效	保存期限
各种肤质	1~3 次 / 周	滋润保湿	冷藏 1 天

美容功效 cosmetics effect ▼

这款面膜不但能补充肌肤所需水分，还能有效锁住水分，让肌肤持久滋润。

材料 ingredients ▼

鸡蛋 1 个，西瓜皮、面粉各 10 克。

工具 tools ▼

榨汁机，面膜碗，面膜棒。

制作方法 diy beauty ▼

❶ 鸡蛋磕开，取鸡蛋清，置于面膜碗中。
❷ 西瓜皮榨汁，并将其放入面膜碗中。
❸ 加入面粉，用面膜棒搅拌均匀即成。

西瓜皮
面膜

适用肤质	使用频率	面膜功效	保存期限
各种肤质	每天使用	补水保湿	冷藏 3 天

美容功效 cosmetics effect ▼

这款面膜能深层补充肌肤所需的水分，提高肌肤的储水能力，有效补水保湿。

材料 ingredients ▼

西瓜皮 100 克。

工具 tools ▼

刀。

制作方法和使用方法 diy beauty and skin care ▼

❶ 将西瓜皮的外层绿色硬皮部分切除，保留白色果皮部分。

❷ 将白色果皮再切成薄片即成。

❸ 洁面后，将西瓜片敷在脸上（避开眼部、唇部四周的肌肤），10 ~ 15 分钟后用温水洗净即可。

酸奶
蜂蜜
面膜

适用肤质	使用频率	面膜功效	保存期限
各种肤质	2~3 次 / 周	补水保湿	冷藏 3 天

美容功效 cosmetics effect ▼
这款面膜含丰富的护肤滋润成分，能持久锁住肌肤水分，令肌肤变得润泽细嫩。

材料 ingredients ▼
蜂蜜 15 克，酸奶 20 克。

工具 tools ▼
面膜碗，面膜棒。

制作方法和使用方法 diy beauty and skin care ▼
❶ 在面膜碗中加入蜂蜜、酸奶。
❷ 用面膜棒搅拌均匀即成。
❸ 洁面后，将调好的面膜涂抹在脸上（避开眼部、唇部四周的肌肤），10～15分钟后用温水洗净即可。

蜂蜜 牛奶 面膜

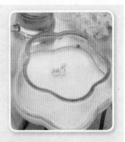

适用肤质	使用频率	面膜功效	保存期限
各种肤质	2~3次/周	补水保湿	冷藏3天

美容功效 cosmetics effect ▼

这款面膜能补充肌肤所需的水分，改善肌肤粗糙、干燥等问题，从而美白肌肤。

材料 ingredients ▼

蜂蜜10克，牛奶30克。

工具 tools ▼

面膜碗，面膜棒，面膜纸。

制作方法 diy beauty ▼

❶ 在面膜碗中加入蜂蜜、牛奶搅拌均匀。

❷ 在调好的面膜中浸入面膜纸，泡开即成。

苹果淀粉面膜

适用肤质	使用频率	面膜功效	保存期限
各种肤质	2~3 次 / 周	滋润保湿	冷藏 3 天

美容功效 cosmetics effect ▼

这款面膜富含维生素、果酸及天然水分，有极佳的补水保湿功效，能深层滋养肌肤，持久保持肌肤表面的水分。

材料 ingredients ▼

苹果 1 个，淀粉 30 克，水适量。

工具 tools ▼

搅拌器，面膜碗，面膜棒。

制作方法和使用方法 diy beauty and skin care ▼

❶ 将苹果洗净，去皮及核，切小块，放入搅拌器打成泥。

❷ 将苹果泥与淀粉倒入面膜碗中。

❸ 加入适量水，用面膜棒调成糊状即成。

❹ 洁面后，将调好的面膜涂抹在脸上（避开眼部、唇部四周的肌肤），10 ～ 15 分钟后用温水洗净即可。

桃子葡萄

面膜

适用肤质	使用频率	面膜功效	保存期限
各种肤质	1~3 次 / 周	保湿滋润	冷藏 3 天

美容功效 cosmetics effect ▼

这款面膜具有极佳的补水、滋养、白皙肌肤的美容功效，能够补充肌肤所需的水分，深层滋养肌肤，令肌肤更加润泽。

材料 ingredients ▼

桃子、葡萄各 30 克，面粉 10 克。

工具 tools ▼

榨汁机，面膜碗，面膜棒。

制作方法和使用方法 diy beauty and skin care ▼

❶ 桃子和葡萄分别洗净，榨汁，置于面膜碗中。
❷ 在面膜碗中加入面粉，用面膜棒搅拌均匀即成。
❸ 洁面后，将调好的面膜涂抹在脸上（避开眼部、唇部四周的肌肤），10～15 分钟后用温水洗净即可。

土豆甘油面膜

适用肤质	使用频率	面膜功效	保存期限
干燥肤质	1~2次/周	营养滋润	冷藏5天

美容功效 cosmetics effect ▼

土豆含大量淀粉、维生素、蛋白质，可以防止皮肤干燥，有滋润保湿的功效，与甘油混合在一起，保湿、净化肌肤的效果会加强。这款面膜能使皮肤备感润泽，对干燥肌肤尤其有效。

材料 ingredients ▼

土豆1小块，甘油2克，保湿萃取液1克。

工具 tools ▼

磨泥器，面膜碗，面膜棒。

制作方法和使用方法 diy beauty and skin care ▼

❶ 将土豆去皮，洗净后磨泥。

❷ 将土豆泥倒入面膜碗中，加入甘油、保湿萃取液，用面膜棒混合拌匀即成。

❸ 洁面后，将调好的面膜涂抹在脸上（避开眼部、唇部四周的肌肤），10～15分钟后用温水洗净即可。

银耳润颜面膜

适用肤质	使用频率	面膜功效	保存期限
各种肤质	1~2次/周	润泽补水	冷藏7天

美容功效 cosmetics effect ▼

银耳中富含的多种微量元素，可改善皮肤的营养状况，增强表皮细胞活力，提高皮肤抗病能力。银耳中的胶质可补充肌肤水分、锁住水分，使皮肤弹性更好。

材料 ingredients ▼

干银耳粉10克，牛奶40克，甘油50克。

工具 tools ▼

面膜碗，面膜棒。

制作方法和使用方法 diy beauty and skin care ▼

❶ 将银耳粉倒入面膜碗中，加入牛奶、甘油。
❷ 用面膜棒充分搅拌，调和均匀即成。
❸ 洁面后，将调好的面膜涂抹在脸上（避开眼部、唇部四周的肌肤），10～15分钟后用温水洗净即可。

香蕉
麻油
面膜

适用肤质	使用频率	面膜功效	保存期限
各种肤质	2~3 次 / 周	滋养保湿	立即使用

美容功效 cosmetics effect ▼

这款面膜含丰富的润泽滋养因子，能深层滋养肌肤，补充肌肤所需营养。

材料 ingredients ▼

麻油 10 克，香蕉 1 根。

工具 tools ▼

捣蒜器，面膜碗，面膜棒。

制作方法 diy beauty ▼

❶ 香蕉去皮，切成小块，捣成泥状。

❷ 将香蕉泥、麻油一同倒在面膜碗中，用面膜棒搅拌均匀即成。

豆腐保湿面膜

适用肤质	使用频率	面膜功效	保存期限
各种肤质	2~3次/周	锁水提亮	冷藏3天

美容功效 cosmetics effect ▼

这款面膜富含大豆异黄酮、卵磷脂，能强化肌肤的锁水功能，让暗沉的肌肤变得明亮。

材料 ingredients ▼

豆腐1小块，蜂蜜1大匙，面粉适量。

工具 tools ▼

捣蒜器，面膜碗，面膜棒。

制作方法 diy beauty ▼

❶ 将豆腐放入捣蒜器中，捣成泥状。

❷ 将豆腐泥倒入面膜碗中，加入蜂蜜、面粉，用面膜棒搅拌均匀即可。

丝瓜 珍珠粉 面膜

适用肤质	使用频率	面膜功效	保存期限
各种肤质	2~3 次 / 周	补水嫩白	冷藏 3 天

美容功效 cosmetics effect ▼

这款面膜含有多种维生素，有较强的美白补水效果，可让肌肤白皙水嫩。

材料 ingredients ▼

丝瓜 1 根，珍珠粉 1 小匙。

工具 tools ▼

榨汁机，纱布 1 卷，面膜碗，面膜棒。

制作方法 diy beauty ▼

❶ 丝瓜洗净去皮，用榨汁机打汁，用纱布滤汁。

❷ 将珍珠粉倒入面膜碗中，加入丝瓜汁，用面膜棒搅拌成糊状即可。

水果泥
面膜

适用肤质	使用频率	面膜功效	保存期限
各种肤质	1~2 次 / 周	滋养收敛	立即使用

美容功效 cosmetics effect ▼

这款面膜富含糖分、维生素、矿物质及果胶,有滋养、收敛与增加肌肤弹性的效果。

材料 ingredients ▼

苹果 1 个,梨 1 个,香蕉 1 根。

工具 tools ▼

搅拌器,面膜碗,面膜棒。

制作方法和使用方法 diy beauty and skin care ▼

❶ 将苹果、梨洗净,去皮;香蕉去皮,一同放入搅拌器中,打成泥。

❷ 将果泥倒入面膜碗中,用面膜棒调匀即可。

❸ 洁面后,将调好的面膜涂抹在脸上(避开眼部、唇部四周的肌肤),10 ~ 15 分钟后用温水洗净即可。

百花粉牛奶
面膜

适用肤质	使用频率	面膜功效	保存期限
各种肤质	1~3次/周	补水保湿	冷藏3天

美容功效 cosmetics effect ▼

这款面膜能补充肌肤所需水分，滋养肌肤，令肌肤
光滑水亮、绽放光彩。

材料 ingredients ▼

牛奶10克，干桃花、梨花、面膜粉各10克。

工具 tools ▼

研磨钵，面膜碗，面膜棒。

制作方法 diy beauty ▼

❶用研磨钵将干桃花、梨花磨成粉。
❷将牛奶、面膜一同加入面膜碗中。
❸用面膜棒搅拌均匀即成。

冬瓜瓤蜂蜜面膜

适用肤质	使用频率	面膜功效	保存期限
各种肤质	2~3 次 / 周	补水滋润	冷藏 3 天

美容功效 cosmetics effect ▼

这款面膜富含亚油酸、甘露醇等营养素，能深层补充肌肤细胞新陈代谢所需的营养与水分，令肌肤水嫩润泽。

材料 ingredients ▼

冬瓜瓤 100 克，面粉 50 克，蜂蜜 1 匙，清水适量。

工具 tools ▼

锅，面膜碗，面膜棒。

制作方法和使用方法 diy beauty and skin care ▼

❶ 将冬瓜瓤连同其中的冬瓜子放入锅中，加水煮煮 1 小时后去渣取汁。

❷ 将冬瓜瓤汁、面粉、蜂蜜一同倒入面膜碗中。

❸ 用面膜棒搅拌均匀即成。

❹ 洁面后，将调好的面膜涂抹在脸上（避开眼部、唇部四周的肌肤），10 ~ 15 分钟后用温水洗净即可。

芦荟
蜂蜜
面膜

适用肤质	使用频率	面膜功效	保存期限
各种肤质	1~2 次 / 周	补水保湿	冷藏 3 天

美容功效 cosmetics effect ▼

这款面膜渗透性很强，可以直达皮肤深层，帮助肌肤捕捉氧气，持久锁住肌肤水分，具有极高的保湿功效，令肌肤水润嫩白。

材料 ingredients ▼

芦荟叶 2 片，蜂蜜 1 匙。

工具 tools ▼

捣蒜器，面膜碗，面膜棒。

制作方法和使用方法 diy beauty and skin care ▼

❶ 将芦荟洗净，去皮切块，放入捣蒜器打成胶质。

❷ 将芦荟胶质、蜂蜜一同倒在面膜碗中，用面膜棒搅拌均匀即成。

❸ 洁面后，将调好的面膜涂抹在脸上（避开眼部、唇部四周的肌肤），10～15 分钟后用温水洗净即可。

第三章
美白祛斑面膜

　　自制美白面膜能对肌肤进行有效的美白护理，通过利用美白面膜中大量的美白精华成分，强力渗透至深层肌肤，并促进肌肤吸收，令肌肤在短时间内得到显著改观，回复水嫩透白的理想肤色。

猕猴桃片
面膜

适用肤质	使用频率	面膜功效	保存期限
油性肤质	1~2次/周	净化美白	冷藏1天

美容功效 cosmetics effect ▼
这款面膜富含果酸、矿物质等营养元素，能够抑制黑色素的沉淀，帮助淡化色斑，美白肌肤。

材料 ingredients ▼
猕猴桃1个。

工具 tools ▼
水果刀。

制作方法和使用方法 diy beauty and skin care ▼
❶ 将猕猴桃洗净，去除外皮。
❷ 用水果刀将去皮的猕猴桃切成极薄的薄片。
❸ 洁面后，将猕猴桃薄片仔细地贴敷在脸上（避开眼部、唇部四周的肌肤），15～20分钟后揭去猕猴桃片，用温水洗净即可。

蜂蜜柠檬面膜

适用肤质	使用频率	面膜功效	保存期限
干性肤质	1~2次／周	滋润美白	冷藏3天

美容功效 cosmetics effect ▼

这款面膜由柠檬、蜂蜜等美容材料制成，能滋润、净化肌肤，清除毒素，从而达到美白肌肤的效果。

材料 ingredients ▼

柠檬1个，蜂蜜10克，面粉5克。

工具 tools ▼

榨汁机，面膜碗，面膜棒。

制作方法和使用方法 diy beauty and skin care ▼

❶ 柠檬洗净，榨汁，倒入面膜碗中。

❷ 在面膜碗中加入蜂蜜、面粉，用面膜棒搅拌均匀即成。

❸ 洁面后，将调好的面膜涂抹在脸上（避开眼部、唇部四周的肌肤），10～15分钟后用温水洗净即可。

黄瓜片
面膜

适用肤质	使用频率	面膜功效	保存期限
各种肤质	1~2次／周	美白嫩肤	冷藏3天

美容功效 cosmetics effect ▼

这款面膜能有效促进肌肤细胞的新陈代谢，增强肌肤的氧化还原能力，能够深层滋养肌肤，具有极佳的润肤与美白功效。

材料 ingredients ▼

黄瓜1根。

工具 tools ▼

水果刀。

制作方法 diy beauty ▼

❶ 将黄瓜洗净，去头尾。
❷ 用刀将黄瓜切成薄片，密密贴于面部。

薏米 甘草 面膜

适用肤质	使用频率	面膜功效	保存期限
各种肤质	2~3次/周	去黑美白	冷藏7天

美容功效 cosmetics effect ▼

薏米富含类黄酮，能防止黑色素的产生，有美白功效。甘草含有能抑制合成黑色素的酪氨酸酶，也具美白功效。

材料 ingredients ▼

薏米粉、甘草粉各30克，纯鲜奶20克。

工具 tools ▼

面膜碗，面膜棒。

制作方法和使用方法 diy beauty and skin care ▼

❶ 将薏米粉、甘草粉倒入面膜碗中。

❷ 加入鲜奶，用面膜棒充分搅拌均匀，调成轻薄适中的糊状即成。

❸ 洁面后，将调好的面膜涂抹在脸上（避开眼部、唇部四周的肌肤），10~15分钟后用温水洗净即可。

柠檬汁
面膜

适用肤质	使用频率	面膜功效	保存期限
油性／混合性	1~2次／周	美白淡斑	立即使用

美容功效 cosmetics effect ▼

这款面膜能深层清洁净化肌肤，改善肤色不匀、色斑等状况，令肌肤更白皙。

材料 ingredients ▼

柠檬2个，纯净水适量。

工具 tools ▼

榨汁机，面膜纸，面膜碗。

制作方法 diy beauty ▼

❶ 柠檬洗净切片，放入榨汁机中榨汁，倒入面膜碗中。
❷ 在柠檬汁中加入适量纯净水，浸入面膜纸，泡开即成。

盐粉
蜂蜜
面膜

适用肤质	使用频率	面膜功效	保存期限
各种肤质	1~2次/周	去黑美白	冷藏5天

美容功效 cosmetics effect ▼

这款面膜富含锌、硒、镁、锗等元素，能有效改善肌肤营养状况，增强皮肤的活力和抗菌力，减少色素沉着，使肌肤洁白细腻。

材料 ingredients ▼

珍珠粉30克，蜂蜜1匙，盐少许。

工具 tools ▼

面膜碗，面膜棒。

制作方法和使用方法 diy beauty and skin care ▼

❶ 将珍珠粉倒入面膜碗中，加入盐和蜂蜜。
❷ 用面膜棒充分搅拌，调成糊状即成。
❸ 洁面后，将调好的面膜涂抹在脸上（避开眼部、唇部四周的肌肤），10～15分钟后用温水洗净即可。

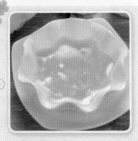

蛋清
美白
面膜

适用肤质	使用频率	面膜功效	保存期限
干性肤质	1~2 次 / 周	美白祛斑	冷藏 3 天

美容功效 cosmetics effect ▼

这款面膜含有丰富的保湿因子，能滋润、美白肌肤，
对抗色斑，令肌肤白皙细腻。

材料 ingredients ▼

鸡蛋、柠檬各 1 个，芦荟 50 克。

工具 tools ▼

榨汁机，面膜碗，面膜棒。

制作方法 diy beauty ▼

❶ 鸡蛋磕开取鸡蛋清，置于面膜碗中。
❷ 芦荟去皮取茎肉，柠檬榨汁，都放入面膜碗中，
搅拌均匀即成。

鲜奶双粉面膜

适用肤质	使用频率	面膜功效	保存期限
各种肤质	1~2次/周	淡斑美白	冷藏3天

美容功效 cosmetics effect ▼

甘草有美白及消炎的作用,可预防雀斑、粉刺、青春痘及酒糟鼻。薏米因为富含蛋白质,可以分解酵素,提高肌肤新陈代谢的能力,减少皱纹,消除色素斑点,使肌肤自然白皙。

材料 ingredients ▼

鲜牛奶30克,甘草粉、薏米粉各20克。

工具 tools ▼

面膜碗,面膜棒。

制作方法和使用方法 diy beauty and skin care ▼

❶ 将甘草粉、薏米粉放入面膜碗中。
❷ 加入牛奶,用面膜棒搅拌均匀至糊状即可。
❸ 洁面后,将调好的面膜涂抹在脸上(避开眼部、唇部四周的肌肤),10～15分钟后用温水洗净即可。

鲜奶 提子

面膜

适用肤质	使用频率	面膜功效	保存期限
各种肤质	1~2 次 / 周	抗氧美白	冷藏 3 天

美容功效 cosmetics effect ▼

这款面膜富含水溶性 B 族维生素、糖分、钾、钙、磷、镁等营养成分，可为皮肤提供抗氧化保护，有效对抗游离基，减轻外在环境对皮肤的刺激，防止氧化，使皮肤更白皙、细致。

材料 ingredients ▼

鲜牛奶适量，新鲜提子 4 颗。

工具 tools ▼

捣蒜器，面膜碗，面膜棒。

制作方法和使用方法 diy beauty and skin care ▼

❶ 将提子洗净，连皮放入捣蒜器中捣烂。

❷ 将提子泥倒入面膜碗中，加入鲜牛奶。

❸ 用面膜棒充分搅拌均匀至黏稠即成。

❹ 洁面后，将调好的面膜涂抹在脸上（避开眼部、唇部四周的肌肤），10 ~ 15 分钟后用温水洗净即可。

香菜蛋清 面膜

适用肤质	使用频率	面膜功效	保存期限
各种肤质	1~2次/周	淡斑美白	冷藏3天

美容功效 cosmetics effect ▼

这款面膜富含维生素、胡萝卜素等多种营养成分，可润泽肌肤、淡化斑点，美白肌肤。

材料 ingredients ▼

香菜3棵，鸡蛋2个。

工具 tools ▼

榨汁机，面膜碗，面膜棒。

制作方法和使用方法 diy beauty and skin care ▼

❶ 香菜洗净，放入榨汁机中榨汁，去渣取汁，备用。
❷ 鸡蛋敲破，滤取蛋清备用。
❸ 在面膜碗中加入蛋清、香菜汁，用面膜棒搅拌均匀即可。
❹ 洁面后，将调好的面膜涂抹在脸上（避开眼部、唇部四周的肌肤），10~15分钟后用温水洗净即可。

柠檬
盐乳
面膜

适用肤质	使用频率	面膜功效	保存期限
油性肤质	1~2次/周	去黑美白	冷藏5天

美容功效 cosmetics effect ▼

这款面膜富含有机酸、铁、铜和维生素等营养成分，能与肌肤表面的碱性物中和，防止肌肤中的色素沉淀，使皮肤更白皙、细腻。

材料 ingredients ▼

柠檬1个，牛奶20克，盐5克，优酪乳15克。

工具 tools ▼

刀，面膜碗，面膜棒。

制作方法和使用方法 diy beauty and skin care ▼

❶ 柠檬洗净，对半切开，挤汁备用。
❷ 将柠檬汁、牛奶倒入面膜碗中。
❸ 加入优酪乳、盐，搅拌均匀即成。
❹ 洁面后，将调好的面膜涂抹在脸上（避开眼部、唇部四周的肌肤），10～15分钟后用温水洗净即可。

丝瓜柠檬牛奶

面膜

适用肤质	使用频率	面膜功效	保存期限
各种肤质	1~2次/周	补水保湿	冷藏3天

美容功效 cosmetics effect ▼

这款面膜含有丰富的植物黏液、维生素及矿物质等营养元素，可改善肌肤缺水、色素沉着、老化的状况。

材料 ingredients ▼

柠檬1个，丝瓜30克，牛奶10克。

工具 tools ▼

榨汁机，面膜碗，面膜棒。

制作方法和使用方法 diy beauty and skin care ▼

❶ 柠檬洗净，榨汁。

❷ 丝瓜洗净，切薄片，与柠檬汁、牛奶一同倒入面膜碗中。

❸ 让丝瓜片充分浸泡约3分钟即成。

❹ 洁面后，取适量浸泡好的丝瓜片贴敷在脸部及颈部（避开眼部、唇部四周的肌肤），10～15分钟后揭去丝瓜片，用温水洗净即可。

山药
蜂蜜
面膜

适用肤质	使用频率	面膜功效	保存期限
中性/干性肤质	1~2次/周	滋养美白	冷藏3天

美容功效 cosmetics effect ▼

这款面膜含有多种天然滋养亮白成分，能深层渗透、滋养肌肤，有效美白。

材料 ingredients ▼

山药50克、蜂蜜、面粉各10克，纯净水适量。

工具 tools ▼

搅拌器，面膜碗，面膜棒。

制作方法和使用方法 diy beauty and skin care ▼

❶ 山药洗净，去皮切块，搅拌成泥。

❷ 在面膜碗中加入山药泥、蜂蜜、面粉、适量纯净水，用面膜棒搅拌均匀即成。

❸ 洁面后，将调好的面膜涂抹在脸上（避开眼部、唇部四周的肌肤），10～15分钟后用温水洗净即可。

啤酒酵母 酸奶 面膜

适用肤质	使用频率	面膜功效	保存期限
各种肤质	1~3次/周	美白净颜	冷藏1天

美容功效 cosmetics effect ▼

这款面膜能深层清洁肌肤，清除肌肤表面的老化角质与毛孔中的污物，令肌肤更白皙。

材料 ingredients ▼

干酵母10克，啤酒30克，酸奶20克。

工具 tools ▼

微波炉，面膜碗，面膜棒。

制作方法和使用方法 diy beauty and skin care ▼

❶ 在面膜碗中加入啤酒、酸奶。

❷ 继续在碗中加入干酵母，搅拌均匀即可。

❸ 洁面后，将调好的面膜涂抹在脸上（避开眼部、唇部四周的肌肤），10～15分钟后用温水洗净即可。

精盐
酸奶
面膜

适用肤质	使用频率	面膜功效	保存期限
各种肤质	1~3次/周	清洁美白	冷藏1天

美容功效 cosmetics effect ▼
这款面膜含有能补充肌肤营养、促进肌肤新陈代谢、帮助提亮肤色、美白肌肤的成分。

材料 ingredients ▼
酸奶、面粉各10克，盐5克，纯净水适量。

工具 tools ▼
面膜碗，面膜棒。

制作方法和使用方法 diy beauty and skin care ▼
❶ 将酸奶、盐、面粉一同放入面膜碗中。
❷ 加入适量纯净水，用面膜棒搅拌均匀即成。
❸ 洁面后，将调好的面膜涂抹在脸上（避开眼部、唇部四周的肌肤），10~15分钟后用温水洗净即可。

玫瑰鸡蛋面膜

适用肤质	使用频率	面膜功效	保存期限
各种肤质	1~3次/周	淡化色斑	冷藏1天

美容功效 cosmetics effect ▼

这款面膜富含滋养精华成分，能净化肌肤，抑制黑色素的生成，改善肤色暗沉的状况，令肌肤变得白皙、清透。

材料 ingredients ▼

玫瑰精油2滴，鸡蛋1个，面粉、纯净水各适量。

工具 tools ▼

面膜碗，面膜棒。

制作方法和使用方法 diy beauty and skin care ▼

❶ 将鸡蛋磕开，滤出蛋清，并将蛋清打至泡沫状。
❷ 将蛋清倒入面膜碗中，加入玫瑰精油和面粉，倒入适量纯净水。
❸ 用面膜棒充分搅拌，调和成糊状即成。
❹ 洁面后，将调好的面膜涂抹在脸上（避开眼部、唇部四周的肌肤），10~15分钟后用温水洗净即可。

红酒芦荟面膜

适用肤质	使用频率	面膜功效	保存期限
各种肤质	1~2次／周	净化美白	冷藏3天

美容功效 cosmetics effect ▼

这款面膜能清除肌肤毛孔中的油污，及肌表的老废角质细胞，并能抑制黑色素的生成，有效净化、美白肌肤。

材料 ingredients ▼

红酒50克，蜂蜜1匙，芦荟叶1片。

工具 tools ▼

面膜碗，面膜棒，面膜纸。

制作方法和使用方法 diy beauty and skin care ▼

❶ 芦荟叶洗净，去皮切块，捣烂成泥状。

❷ 将芦荟泥、红酒、蜂蜜一同置于面膜碗中。

❸ 用面膜棒充分搅拌，调匀即成。

❹ 洁面后，将面膜纸浸泡在面膜汁中，令其浸满胀开，取出贴敷在面部，10～15分钟后揭下面膜纸，温水洗净即可。

石榴汁面膜

适用肤质	使用频率	面膜功效	保存期限
各种肤质	2~3次/周	美白保湿	立即使用

美容功效 cosmetics effect ▼

这款面膜富含亚麻油酸、石榴多酚和花青素等营养成分，能增加肌肤活力，美白肌肤，同时也为肌肤注入充足的水分。

材料 ingredients ▼

石榴100克，少量纯净水。

工具 tools ▼

榨汁机，面膜碗，面膜纸。

制作方法和使用方法 diy beauty and skin care ▼

❶ 石榴洗净去皮，榨汁，汁液置于面膜碗中，加适量纯净水，搅拌均匀。

❷ 在调好的面膜中浸入面膜纸，泡开即成。

❸ 洁面后，将面膜纸浸泡在面膜汁中，令其浸满胀开，取出贴敷在面部，10~15分钟后揭下面膜纸，温水洗净即可。

玫瑰花
米醋

面膜

适用肤质	使用频率	面膜功效	保存期限
各种肤质	2~3 次 / 周	消炎祛斑	冷藏 3 天

美容功效 cosmetics effect ▼

这款面膜富含氨基酸、有机酸等营养成分，能软化血管，抑制黑色素的形成，淡化色斑。

材料 ingredients ▼

新鲜玫瑰花蕾 10 朵，米醋 100 克。

工具 tools ▼

面膜碗，纱布。

制作方法和使用方法 diy beauty and skin care ▼

❶ 将玫瑰花蕾完全浸泡在白醋中，静置 7 ~ 15 天。

❷ 用纱布滤掉玫瑰花，将玫瑰花醋液倒入面膜碗中即成。

❸ 洁面后，将面膜纸浸泡在面膜汁中，令其浸满胀开，取出贴敷在面部，10 ~ 15 分钟后揭下面膜纸，温水洗净即可。

番茄
面粉
面膜

适用肤质	使用频率	面膜功效	保存期限
油性肤质	1~2 次 / 周	净化美白	冷藏 3 天

美容功效 cosmetics effect ▼

这款面膜富含维生素C和淀粉，可以净化肌肤，使肌肤更有效地吸收营养，更显白皙。

材料 ingredients ▼

番茄 1 个，面粉 3 大匙。

工具 tools ▼

榨汁机，面膜碗，面膜棒。

制作方法 diy beauty ▼

❶ 将番茄洗净去皮，放入榨汁机中榨汁。

❷ 将番茄汁倒入面膜碗中，加入面粉，用面膜棒调和均匀即可。

白芷
清新
面膜

适用肤质	使用频率	面膜功效	保存期限
各种肤质	1~2 次 / 周	美白淡斑	冷藏 1 周

美容功效 cosmetics effect ▼

这款面膜富含白芷素、白芷醚、香豆素、维生素 C
等美白精华，能提高细胞活力，抑制黑色素的形成。

材料 ingredients ▼

白芷粉 5 克，黄瓜 1 根，橄榄油 3 克，蜂蜜 2 克，
鸡蛋 1 个。

工具 tools ▼

榨汁机，面膜碗，面膜棒。

制作方法和使用方法 diy beauty and skin care ▼

❶ 将黄瓜洗净切块，榨汁，滤渣取汁备用。

❷ 鸡蛋磕开，滤取蛋黄，充分打散。

❸ 将白芷粉倒入面膜碗中，加入黄瓜汁、蛋黄、蜂
蜜和橄榄油，一起搅拌均匀即成。

❹ 洁面后，将调好的面膜涂抹在脸上（避开眼部、
唇部四周的肌肤），10 ～ 15 分钟后用温水洗净即可。

木瓜
柠檬
面膜

适用肤质	使用频率	面膜功效	保存期限
各种肤质	1~3 次 / 周	美白滋养	冷藏 3 天

美容功效 cosmetics effect ▼

这款面膜富含木瓜醇、柠檬酸等营养素，能软化肌肤死皮，并能阻断黑色素的生成过程，有效清透美白肌肤。

材料 ingredients ▼

木瓜 1/4 个，柠檬 1 个，面粉 40 克。

工具 tools ▼

搅拌器，面膜碗，面膜棒。

制作方法和使用方法 diy beauty and skin care ▼

❶ 将木瓜洗净，去皮去子，放入搅拌器打成泥。

❷ 将柠檬洗净，对半切开，挤出汁液。

❸ 将木瓜泥、柠檬汁、面粉倒入面膜碗中，用面膜棒拌匀即成。

❹ 洁面后，将调好的面膜涂抹在脸上（避开眼部、唇部四周的肌肤），10 ~ 15 分钟后用温水洗净即可。

荸荠啤酒面膜

适用肤质	使用频率	面膜功效	保存期限
各种肤质	1~2 次 / 周	美白滋养	冷藏 3 天

美容功效 cosmetics effect ▼

这款面膜能提升肌肤的储水能力，令肌肤变得白皙润泽。

材料 ingredients ▼

啤酒 50 克，荸荠 50 克。

工具 tools ▼

榨汁机，面膜碗，面膜棒，面膜纸。

制作方法和使用方法 diy beauty and skin care ▼

❶ 荸荠洗净，去皮切块，榨汁。

❷ 将荸荠汁、啤酒一同倒在面膜碗中，用面膜棒搅拌均匀，浸入面膜纸，泡开即成。

❸ 洁面后，将泡好的面膜纸敷在脸上（避开眼部、唇部四周的肌肤），10 ~ 15 分钟后用温水洗净即可。

玫瑰双粉面膜

适用肤质	使用频率	面膜功效	保存期限
各种肤质	1~3次 / 周	美白净化	冷藏7天

美容功效 cosmetics effect ▼

这款面膜富含维生素E、单宁酸等营养素，可促进血液循环，有效抑制黑色素的产生。

材料 ingredients ▼

玫瑰花3朵，桃仁粉、面粉各20克，纯净水适量。

工具 tools ▼

锅，面膜碗。

制作方法 diy beauty ▼

❶ 将桃仁粉、面粉、玫瑰花瓣放入锅中，加入适量纯净水。

❷ 用小火煮至玫瑰花瓣软化，关火倒入面膜碗中，冷却即成。

酸奶
酵母
面膜

适用肤质	使用频率	面膜功效	保存期限
各种肤质	2~3次/周	美白润肤	冷藏5天

美容功效 cosmetics effect ▼

这款面膜富含的维生素、活性氧分子、β－胡萝卜素等营养素，能够有效清洁皮肤，提供肌肤所需的营养，使肌肤润白、柔嫩。

材料 ingredients ▼

酵母粉40克，酸奶半杯。

工具 tools ▼

面膜碗，面膜棒。

制作方法和使用方法 diy beauty and skin care ▼

❶ 将酵母粉倒入面膜碗中。

❷ 加入酸奶，边加入边用面膜棒搅拌，充分搅拌均匀即可。

❸ 洁面后，将本款面膜涂抹在脸部（避开眼部和唇部周围），再覆盖上面膜纸，约20分钟后，用清水彻底冲洗干净即可。

草莓醋面膜

适用肤质	使用频率	面膜功效	保存期限
各种肤质	1~2次/周	润肤美白	立即使用

美容功效 cosmetics effect ▼

这款面膜富含果酸、维生素及矿物质等营养素，能抑制黑色素细胞的活动，排除肌肤中的毒素，令肌肤白皙有光泽。

材料 ingredients ▼

醋1小匙，草莓5个。

工具 tools ▼

捣蒜器，面膜碗，面膜棒。

制作方法和使用方法 diy beauty and skin care ▼

❶ 将草莓洗净切块，放入捣蒜器中捣成泥状。

❷ 将草莓泥倒入面膜碗中，加入醋，用面膜棒调匀即成。

❸ 洁面后，将调好的面膜涂抹在脸上（避开眼部、唇部四周的肌肤），10~15分钟后用温水洗净即可。

芦荟
珍珠粉
面膜

适用肤质	使用频率	面膜功效	保存期限
各种肤质	1~2 次 / 周	滋养美白	冷藏 3 天

美容功效 cosmetics effect ▼

这款面膜能促进肌肤细胞更新，软化并去除肌肤表面的老废角质，并能抑制黑色素的形成，令肌肤变得清透白皙。

材料 ingredients ▼

芦荟叶 1 片，珍珠粉 1 克，蜂蜜适量。

工具 tools ▼

榨汁机，面膜碗，面膜棒。

制作方法和使用方法 diy beauty and skin care ▼

❶ 将芦荟洗净去皮切块，放入榨汁机打成芦荟汁。
❷ 将芦荟汁、珍珠粉、蜂蜜一同倒在面膜碗中。
❸ 用面膜棒充分搅拌，调成易于敷用的糊状，即成。
❹ 洁面后，将调好的面膜涂抹在脸上（避开眼部、唇部四周的肌肤），10 ~ 15 分钟后用温水洗净即可。

胡萝卜
白及
面膜

✿适用肤质	使用频率	面膜功效	保存期限
各种肤质	1~2次/周	祛斑美白	冷藏3天

美容功效 cosmetics effect ▼

这款面膜含有丰富的胡萝卜、挥发油等植物护肤精华成分，能在抗氧化的同时美白肌肤。

材料 ingredients ▼

胡萝卜半根，白及粉30克，橄榄油1匙。

工具 tools ▼

搅拌器，面膜碗，面膜棒。

制作方法和使用方法 diy beauty and skin care ▼

❶ 将胡萝卜洗净去皮，放入搅拌器搅打成泥。

❷ 将胡萝卜泥倒入面膜碗中，加入白及粉、橄榄油，用面膜棒调成糊状即成。

❸ 洁面后，将调好的面膜涂抹在脸上（避开眼部、唇部四周的肌肤），10～15分钟后用温水洗净即可。

盐奶
维C

面膜

适用肤质	使用频率	面膜功效	保存期限
各种肤质	1~3次/周	滋养美白	冷藏5天

美容功效 cosmetics effect ▼
这款面膜中含丰富的氨基酸、不饱和脂肪酸，能促进肌肤新陈代谢，提亮肤色。

材料 ingredients ▼
牛奶、面粉各10克，盐5克，维生素C1粒。

工具 tools ▼
面膜碗，面膜棒。

制作方法和使用方法 diy beauty and skin care ▼
❶ 将牛奶、盐、面粉一同放入面膜碗中。
❷ 加入维生素C，用面膜棒搅拌均匀即成。
❸ 洁面后，将调好的面膜涂抹在脸上（避开眼部、唇部四周的肌肤），10~15分钟后用温水洗净即可。

草莓鲜奶油
面膜

适用肤质	使用频率	面膜功效	保存期限
各种肤质	2~3 次 / 周	滋润美白	冷藏 3 天

美容功效 cosmetics effect ▼

这款面膜能改善暗沉的肤色，抑制黑色素的生成，补充肌肤所需的水分，具有极佳的美白功效。

材料 ingredients ▼

草莓 50 克，鲜奶、淀粉各 10 克。

工具 tools ▼

榨汁机，面膜碗，面膜棒。

制作方法 diy beauty ▼

❶ 草莓洗净，榨汁，取汁置于面膜碗中。

❷ 在面膜碗中加入鲜奶、淀粉，用面膜棒搅拌均匀即成。

猕猴桃
天然
面膜

适用肤质	使用频率	面膜功效	保存期限
各种肤质	1~2 次 / 周	滋养美白	冷藏 3 天

美容功效 cosmetics effect ▼

这款面膜富含维生素C、蛋白质及多种矿物质，能有效去除皮肤暗斑、色斑。

材料 ingredients ▼

鸡蛋 1 个，猕猴桃 1 个。

工具 tools ▼

搅拌器，面膜碗，面膜棒。

制作方法 diy beauty ▼

❶ 将猕猴桃去皮切块，入搅拌器打成泥。

❷ 鸡蛋磕开，滤取蛋清，打匀。

❸ 将猕猴桃泥、蛋清放入面膜碗中，用面膜棒调匀即可。

三白嫩肤 美白
面膜

适用肤质	使用频率	面膜功效	保存期限
各种肤质	1~3次/周	美白祛斑	冷藏7天

美容功效 cosmetics effect ▼

这款面膜富含天然植物祛斑美白因子，能深层洁净肌肤，有效改善肤色。

材料 ingredients ▼

白芍粉、白芷粉、白术粉、蜂蜜各10克，纯净水适量。

工具 tools ▼

面膜碗，面膜棒。

制作方法和使用方法 diy beauty and skin care ▼

❶ 在面膜碗中加入白芍粉、白芷粉、白术粉、蜂蜜。
❷ 加入适量纯净水，用面膜棒搅拌均匀即成。
❸ 洁面后，将调好的面膜涂抹在脸上（避开眼部、唇部四周的肌肤），10~15分钟后用温水洗净即可。

香蕉
牛奶
面膜

适用肤质	使用频率	面膜功效	保存期限
各种肤质	1~2次/周	美白抗老	立即使用

美容功效 cosmetics effect ▼

香蕉富含维生素C，牛奶富含铁、铜和维生素A，两者同用可使皮肤保持光滑滋润，有美白、祛斑、防皱的功效。

材料 ingredients ▼

新鲜香蕉1根，牛奶4大匙。

工具 tools ▼

捣蒜器，面膜碗，面膜棒。

制作方法 diy beauty ▼

❶ 将香蕉去皮，放入捣蒜器中捣成泥。
❷ 将香蕉泥倒入面膜碗中，加入牛奶，用面膜棒调和成糊状即可。

土豆美白面膜

适用肤质	使用频率	面膜功效	保存期限
各种肤质	1~2 次 / 周	美白嫩肤	冷藏 3 天

美容功效 cosmetics effect ▼

这款面膜富含丰富的维生素，可促进皮肤细胞生长，漂白皮下黑色素，减退夏日晒斑。

材料 ingredients ▼

土豆 1 个，鲜牛奶 1/3 杯，面粉 1 大匙。

工具 tools ▼

榨汁机，面膜碗，面膜棒，纱布。

制作方法 diy beauty ▼

❶ 土豆去皮切块，入榨汁机中榨汁，用纱布滤出汁备用。

❷ 将土豆汁倒入面膜碗中，加入牛奶、面粉，用面膜棒搅拌成糊状即可。

盐醋
淡斑
面膜

适用肤质	使用频率	面膜功效	保存期限
各种肤质	1~2 次 / 周	淡化斑点	冷藏 7 天

美容功效 cosmetics effect ▼

这款面膜富含美白原液，能够改善黄黑不均匀的肤色，对消除脸部色斑也很有功效。醋内所含的多重蛋白素，能刺激皮肤血液循环，令粗糙的肤质更细腻、白里透红。

材料 ingredients ▼

食盐 2 克，白芷粉 12 克，干菊花 6 克，白醋 3 滴。

工具 tools ▼

捣蒜器，面膜碗，面膜棒。

制作方法和使用方法 diy beauty and skin care ▼

❶ 将菊花放入捣蒜器中研成细末。
❷ 将白芷粉倒入面膜碗中，加入菊花粉、醋和食盐。
❸ 用面膜棒搅拌均匀即成。
❹ 洁面后，将调好的面膜涂抹在脸上（避开眼部、唇部四周的肌肤），10 ～ 15 分钟后用温水洗净即可。

橘皮酒精面膜

适用肤质	使用频率	面膜功效	保存期限
各种肤质	1~2次/周	祛斑美白	冷藏5天

美容功效 cosmetics effect ▼

这款面膜富含维生素C，能够帮助肌肤抵御紫外线侵害，避免黑斑、雀斑产生。

材料 ingredients ▼

橘子1个，医用酒精少许，蜂蜜适量。

工具 tools ▼

捣蒜器，面膜碗，面膜棒。

制作方法 diy beauty ▼

❶ 将橘子连皮一同用捣蒜器捣烂，倒入面膜碗中，倒入医用酒精，浸泡片刻。

❷ 再将蜂蜜调入橘子泥中，放入冰箱，一周后取出，用面膜棒搅匀即成。

美白减压
精油
面膜

适用肤质	使用频率	面膜功效	保存期限
各种肤质	1~3 次 / 周	美白淡斑	立即使用

美容功效 cosmetics effect ▼
这款面膜含极丰富的美肤成分，能净化肌肤，提亮暗沉肤色，淡斑美白。

材料 ingredients ▼
柠檬 1 个，维生素 E1 粒，薰衣草、柠檬、檀香、天竺葵精油各 1 滴。

工具 tools ▼
榨汁机，面膜碗，面膜棒，面膜纸。

制作方法 diy beauty ▼
❶ 柠檬榨汁，置于面膜碗中。
❷ 加入维生素 E 和所有精油，用面膜棒搅匀，浸入面膜纸，泡开即成。

鲜奶美白面膜

适用肤质	使用频率	面膜功效	保存期限
各种肤质	1~2次/周	美白淡斑	冷藏3天

美容功效 cosmetics effect ▼

这款面膜富含乳脂肪、维生素C与矿物质,具有美白、保湿功效,令肌肤晶莹剔透。

材料 ingredients ▼

鲜牛奶1杯,维生素C 2片。

工具 tools ▼

捣蒜器,面膜碗,面膜棒,面膜纸1张。

制作方法和使用方法 diy beauty and skin care ▼

❶ 将维生素C片放入捣蒜器中碾成末。

❷ 将牛奶倒入面膜碗中,加入维生素C粉,调匀后放入面膜纸即成。

❸ 洁面后,将泡好的面膜纸敷在脸上(避开眼部、唇部四周的肌肤),10~15分钟后用温水洗净即可。

冬瓜
贝母
面膜

适用肤质	使用频率	面膜功效	保存期限
各种肤质	1~2 次 / 周	去黑美白	冷藏 3 天

美容功效 cosmetics effect ▼

这款面膜能够抑制黑色素的形成，有效去除色斑，
令肌肤美白无瑕。

材料 ingredients ▼

薏米粉 30 克，冬瓜仁粉 15 克，贝母粉 10 克，香附
子粉 10 克，鸡蛋 1 枚。

工具 tools ▼

面膜碗，面膜棒。

制作方法 diy beauty ▼

❶ 将鸡蛋磕开，滤取蛋清，打散。

❷ 将薏米粉、冬瓜仁粉、贝母粉、香附子粉、蛋清
一同置于面膜碗中。

❸ 用面膜棒充分搅拌，调和成稀薄适中的糊状即成。

蛋清 木瓜 面膜

适用肤质	使用频率	面膜功效	保存期限
各种肤质	1~3 次 / 周	净化美白	冷藏 2 天

美容功效 cosmetics effect ▼

这款面膜富含维生素 C，能深层净化肌肤，排除肌肤中沉淀的毒素，美白提亮肤色。

材料 ingredients ▼

木瓜 1/4 个，鸡蛋 1 个，蜂蜜 1 匙，奶粉 20 克。

工具 tools ▼

榨汁机，面膜碗，面膜棒。

制作方法 diy beauty ▼

❶ 将木瓜洗净，去皮去子，放入榨汁机榨汁。

❷ 将鸡蛋磕开，充分搅拌打散。

❸ 将木瓜汁、蜂蜜、奶粉、鸡蛋液一同倒入面膜碗中，调匀即成。

 珍珠
绿豆
 面膜

适用肤质	使用频率	面膜功效	保存期限
各种肤质	1~3次／周	清洁美白	冷藏5天

美容功效 cosmetics effect ▼

这款面膜富含乳酸、维生素B等营养素，能去除老废角质，改善痘印、暗沉。

材料 ingredients ▼

绿豆粉30克，珍珠粉10克，蜂蜜1匙，纯净水适量。

工具 tools ▼

面膜碗，面膜棒。

制作方法和使用方法 diy beauty and skin care ▼

❶ 将绿豆粉、珍珠粉、蜂蜜倒入面膜碗中。

❷ 加入适量纯净水，用面膜棒充分搅拌，调和成稀薄适中的糊状即成。

❸ 洁面后，将调好的面膜涂抹在脸上（避开眼部、唇部四周的肌肤），10～15分钟后用温水洗净即可。

鸡蛋蜂蜜柠檬面膜

适用肤质	使用频率	面膜功效	保存期限
油性/混合性	1~2次/周	滋润美白	冷藏3天

美容功效 cosmetics effect ▼

这款面膜富含滋润因子，能深层滋润净化肌肤，淡化斑点，令肌肤白皙清透。

材料 ingredients ▼

柠檬、鸡蛋各1个，蜂蜜、牛奶、面粉各10克。

工具 tools ▼

榨汁机，面膜碗，面膜棒。

制作方法 diy beauty ▼

❶柠檬榨汁，倒入面膜碗中。

❷鸡蛋磕开取鸡蛋黄，打散，放入柠檬汁中。

❸加入蜂蜜、牛奶、面粉，用面膜棒搅拌成均匀的糊状即成。

薏米
百合
面膜

适用肤质	使用频率	面膜功效	保存期限
各种肤质	2~3次/周	去黑嫩白	冷藏3天

美容功效 cosmetics effect ▼

这款面膜富含胡萝卜素，能抑制肌肤黑色素的形成，改善肌肤暗沉、粗糙状况。

材料 ingredients ▼

薏米粉40克，百合粉10克，开水、纯净水各适量。

工具 tools ▼

面膜碗，面膜棒。

制作方法 diy beauty ▼

❶ 将薏米粉倒入碗中，加入适量开水，拌匀后凉凉。
❷ 将凉凉的薏米粉和百合粉一同倒入面膜碗。
❸ 加纯净水，用面膜棒搅拌调匀即成。

蛋黄 酸奶 面膜

适用肤质	使用频率	面膜功效	保存期限
各种肤质	2~3 次 / 周	滋润嫩白	冷藏 1 天

美容功效 cosmetics effect ▼

酸奶中富含乳酸成分，具有非常不错的保湿滋润功效，同时还含有极为丰富的美肤有效成分，能有效改善粗糙、暗沉的肌肤状况。

材料 ingredients ▼

鸡蛋 1 个，酸奶 20 克。

工具 tools ▼

面膜碗，面膜棒。

制作方法和使用方法 diy beauty and skin care ▼

❶ 鸡蛋磕开，取鸡蛋黄，置于面膜碗中。

❷ 加入酸奶，用面膜棒搅拌均匀即成。

❸ 用温水洁面后，将调好的面膜涂抹在脸上（避开眼部、唇部四周的肌肤），静敷 10 ~ 15 分钟，用温水洗净即可。

冬瓜美白面膜

适用肤质	使用频率	面膜功效	保存期限
各种肤质	1~2 次 / 周	祛斑美白	冷藏 3 天

美容功效 cosmetics effect ▼

冬瓜中含的镁元素可使人精神饱满、面色红润，冬瓜用于面膜可滋润皮肤，去除皮肤黑斑，使皮肤白净。

材料 ingredients ▼

冬瓜 1 小块，面粉 1 大匙，牛奶 1 大匙。

工具 tools ▼

搅拌器 1 台，汤匙、碗各 1 个。

制作方法和使用方法 diy beauty and skin care ▼

❶冬瓜去皮、去子，用搅拌器打碎，加入牛奶、面粉拌成糊状即可。

❷洁面后，将调好的面膜涂抹在脸上（避开眼部、唇部四周的肌肤），10～15分钟后用温水洗净即可。

牛奶 枸杞 面膜

适用肤质	使用频率	面膜功效	保存期限
各种肤质	1~3次/周	排毒美白	冷藏3天

美容功效 cosmetics effect ▼

这款面膜能深层净化肌肤，排除肌肤中的毒素，具有极佳的美白、增白、祛斑功效。

材料 ingredients ▼

牛奶15克，枸杞、淀粉各10克。

工具 tools ▼

榨汁机，面膜碗，面膜棒。

制作方法 diy beauty ▼

❶ 枸杞洗净，泡开，沥干，榨汁。
❷ 将牛奶、枸杞汁、淀粉一同放入面膜碗中，用面膜棒搅拌均匀即成。

橄榄油牛奶

面膜

适用肤质	使用频率	面膜功效	保存期限
各种肤质	1~3次/周	滋养美白	冷藏1天

美容功效 cosmetics effect ▼

这款面膜能补充肌肤细胞更新与修复所需的营养元素，活化肌肤，令肌肤白皙。

材料 ingredients ▼

牛奶、橄榄油、面粉各10克。

工具 tools ▼

面膜碗，面膜棒。

制作方法和使用方法 diy beauty and skin care ▼

❶ 将牛奶、橄榄油、面粉一同加入面膜碗中。

❷ 用面膜棒搅拌均匀即成。

❸ 洁面后，将调好的面膜涂抹在脸上（避开眼部、唇部四周的肌肤），10~15分钟后用温水洗净即可。

第四章
控油祛痘面膜

　　自制祛痘面膜不但能加速代谢清除肌肤上的陈旧老废角质，溶解黑头、粉刺，调节水油平衡，控制油脂分泌，收缩粗大的毛孔，并能提供给肌肤养分，深度修复疤痕组织，促进表皮细胞生长，抚平痘痕。

香蕉绿豆 面膜

适用肤质	使用频率	面膜功效	保存期限
油性肤质	1~2次/周	控油排毒	立即使用

美容功效 cosmetics effect ▼

这款面膜能深层洁净肌肤，清除肌肤毛细孔中的油腻与杂质，改善肌肤痘痘、粉刺状况，令肌肤变得清透细嫩。

材料 ingredients ▼

香蕉半根，绿豆粉1匙，清水适量。

工具 tools ▼

捣蒜器，面膜碗，面膜棒。

制作方法和使用方法 diy beauty and skin care ▼

❶ 将香蕉去皮，用捣蒜器捣成泥状。

❷ 将香蕉泥、绿豆粉倒在面膜碗中，加入清水，用面膜棒充分搅拌即成。

❸ 洁面后，将调好的面膜涂抹在脸上（避开眼部、唇部四周的肌肤），10～15分钟后用温水洗净即可。

香蕉橄榄油面膜

适用肤质	使用频率	面膜功效	保存期限
各种肤质	1~2次/周	洁净排毒	立即使用

美容功效 cosmetics effect ▾

这款面膜能深层净化肌肤，排除肌肤中的毒素，保持肌表水油平衡，有效去除痘痘，令肌肤变得清透无瑕。

材料 ingredients ▾

香蕉1根，橄榄油10克。

工具 tools ▾

捣蒜器，面膜碗，面膜棒。

制作方法和使用方法 diy beauty and skin care ▾

❶ 把香蕉捣成果泥状。

❷ 将香蕉泥、橄榄油一同置于面膜碗中，用面膜棒充分搅拌，调成糊状即成。

❸ 洁面后，将调好的面膜涂抹在脸上（避开眼部、唇部四周的肌肤），10~15分钟后用温水洗净即可。

绿豆黄瓜
精油
面膜

适用肤质	使用频率	面膜功效	保存期限
油性肤质	1~2次/周	消炎祛痘	冷藏2天

美容功效 cosmetics effect ▼

这款面膜含有乙烯、柠檬油精等天然植物精华，能有效排除肌肤中的毒素与老废角质，净化消炎。

材料 ingredients ▼

绿豆粉2大匙,黄瓜1根,茶树精油1滴,纯净水适量。

工具 tools ▼

搅拌机，面膜碗，面膜棒。

制作方法和使用方法 diy beauty and skin care ▼

❶ 将黄瓜洗净，放入搅拌机中打成泥。

❷ 将黄瓜泥、绿豆粉、茶树精油、纯净水一同倒在面膜碗中，用面膜棒充分搅拌，调和成稀薄适中、易于敷用的面膜糊状即成。

❸ 洁面后，将调好的面膜涂抹在脸上（避开眼部、唇部四周的肌肤），10～15分钟后用温水洗净即可。

红豆泥
面膜

适用肤质	使用频率	面膜功效	保存期限
油性肤质	1~2 次 / 周	控油祛痘	冷藏 3 天

美容功效 cosmetics effect ▼

这款面膜能深层清除肌肤毛孔中的杂质与油腻，调节肌肤表面水油平衡，抑制多余油脂的分泌，能有效祛痘。

材料 ingredients ▼

红豆 100 克，纯净水适量。

工具 tools ▼

锅，面膜碗，面膜棒。

制作方法和使用方法 diy beauty and skin care ▼

❶ 红豆洗净，放入锅中，加水煮至熟软。
❷ 将煮好的红豆倒在面膜碗中，加水搅拌均匀。
❸ 用面膜棒调和成稀薄适中的糊状后凉凉即成。
❹ 洁面后，将调好的面膜涂抹在脸上（避开眼部、唇部四周的肌肤），10 ~ 15 分钟后用温水洗净即可。

香蕉芝士面膜

适用肤质	使用频率	面膜功效	保存期限
各种肤质	2~3次/周	祛痘排毒	立即使用

美容功效 cosmetics effect ▼

这款面膜能深层净化肌肤，排除肌肤中的毒素，保持肌表水油平衡，有效去除痘痘，令肌肤变得清透无瑕。

材料 ingredients ▼

香蕉1根，芝士1块。

工具 tools ▼

捣蒜器，面膜碗，面膜棒。

制作方法和使用方法 diy beauty and skin care ▼

❶ 香蕉去皮，切成小块，捣成果泥状。

❷ 接着将香蕉泥、芝士一同置于面膜碗中，用面膜棒充分搅拌即成。

❸ 洁面后，将调好的面膜涂抹在脸上（避开眼部、唇部四周的肌肤），10～15分钟后用温水洗净即可。

薏米粉 绿豆
面膜

适用肤质	使用频率	面膜功效	保存期限
各种肤质	1~3次/周	清凉祛痘	冷藏5天

美容功效 cosmetics effect ▼

这款面膜富含维生素、叶酸及氨基酸等营养素，能排除肌肤中的毒素,有效改善痘痘、粉刺等肌肤问题。

材料 ingredients ▼

薏米粉20克，绿豆粉40克，纯净水适量。

工具 tools ▼

面膜碗，面膜棒。

制作方法和使用方法 diy beauty and skin care ▼

❶ 将薏米粉、绿豆粉倒入面膜碗中。

❷ 加入适量清水，用面膜棒充分搅拌，调和成稀薄适中的糊状即成。

❸ 洁面后，将调好的面膜涂抹在脸上（避开眼部、唇部四周的肌肤),10～15分钟后用温水洗净即可。

绿茶绿豆蜂蜜
面膜

适用肤质	使用频率	面膜功效	保存期限
各种肤质	1~2 次 / 周	祛痘美白	冷藏 3 天

美容功效 cosmetics effect ▼

这款面膜富含茶多酚、植物黏液等美肤分子，能深层净化肌肤，排除肌肤中的毒素，有效改善痘痘、淡化痘印。

材料 ingredients ▼

绿豆粉 50 克，绿茶 1 包，蜂蜜 1 匙，开水适量。

工具 tools ▼

茶杯，面膜碗，面膜棒。

制作方法和使用方法 diy beauty and skin care ▼

❶ 将绿茶放入茶杯，用开水冲泡，静置 5 分钟，滤取茶汤，放凉待用。

❷ 将绿豆粉、绿茶水、蜂蜜倒入面膜碗中。

❸ 用面膜棒充分搅拌，调和成糊状即成。

❹ 洁面后，将调好的面膜涂抹在脸上（避开眼部、唇部四周的肌肤），10 ~ 15 分钟后用温水洗净即可。

冬瓜泥
面膜

适用肤质	使用频率	面膜功效	保存期限
各种肤质	2~3 次 / 周	清凉排毒	冷藏 3 天

美容功效 cosmetics effect ▼

这款面膜富含甘露醇、葫芦素 β 等营养素，能有效清凉排毒，改善暗沉、痤疮等多种肌肤问题。

材料 ingredients ▼

冬瓜 40 克。

工具 tools ▼

搅拌机，面膜碗，面膜棒。

制作方法 diy beauty ▼

① 将冬瓜洗净，去皮去子，切成小块。
② 将冬瓜块放入搅拌机中，打成泥状。
③ 将冬瓜泥倒入面膜碗中，用面膜棒搅拌均匀即成。

益母草黄瓜

面膜

适用肤质	使用频率	面膜功效	保存期限
油性肤质	1~2 次 / 周	消炎祛痘	冷藏 2 天

美容功效 cosmetics effect ▼
这款面膜含有丰富的益母草碱、月桂酸、芦丁及维生素C等成分,具有良好的清热解毒、美容护肤功效。

材料 ingredients ▼
益母粉 10 克,黄瓜半根,蜂蜜半匙。

工具 tools ▼
榨汁机,面膜碗,面膜棒。

制作方法和使用方法 diy beauty and skin care ▼
❶ 将黄瓜洗净切块,置于榨汁机中,榨取汁液。
❷ 将黄瓜汁与益母草粉、蜂蜜一同倒在面膜碗中。
❸ 用面膜棒充分搅拌成糊状即成。
❹ 洁面后,将调好的面膜涂抹在脸上(避开眼部、唇部四周的肌肤),10 ~ 15分钟后用温水洗净即可。

芦荟 苦瓜 面膜

适用肤质	使用频率	面膜功效	保存期限
各种肤质	1~2次/周	消炎祛痘	冷藏3天

美容功效 cosmetics effect ▼

这款面膜含有丰富的芦荟凝胶、多糖、维生素及活性酶成分，具有极佳的消炎杀菌功效，能改善粉刺、痘痘的状况。

材料 ingredients ▼

芦荟叶1片，苦瓜半根，蜂蜜适量。

工具 tools ▼

榨汁机，面膜碗，面膜棒。

制作方法和使用方法 diy beauty and skin care ▼

❶ 将芦荟洗净，去皮切块，苦瓜洗净切块，一同放入榨汁机打成汁。

❷ 将打好的汁、蜂蜜一同倒在面膜碗中。

❸ 用面膜棒搅拌均匀即成。

❹ 洁面后，将调好的面膜涂抹在脸上（避开眼部、唇部四周的肌肤），10～15分钟后用温水洗净即可。

土豆片
面膜

适用肤质	使用频率	面膜功效	保存期限
各种肤质	3~5 次 / 周	淡化痘印	冷藏 1 天

美容功效 cosmetics effect ▼
这款面膜富含淀粉、蛋白质，能促进肌肤细胞的生成，
软化并清除痘痕。

材料 ingredients ▼
土豆 1 个。

工具 tools ▼
刀。

制作方法和使用方法 diy beauty and skin care ▼
❶ 将土豆洗净，不去皮。
❷ 用刀将洗净的土豆切成极薄的薄片即可。
❸ 洁面后，将土豆片敷在脸上（避开眼部、唇部四
周的肌肤），10 ~ 15 分钟后用温水洗净即可。

糯米土豆 面膜

适用肤质	使用频率	面膜功效	保存期限
油性肤质	1~2 次 / 周	排毒祛痘	冷藏 3 天

美容功效 cosmetics effect ▼

这款面膜能排除肌肤毛孔中的毒素，防止毛孔堵塞，从而抑制痘痘的生成。

材料 ingredients ▼

土豆 1 个，糯米 50 克，蜂蜜 1 匙。

工具 tools ▼

锅，面膜碗，面膜棒。

制作方法 diy beauty ▼

❶ 土豆去皮洗净，与糯米一同入锅蒸至熟软，捣成泥，凉凉。

❷ 将土豆糯米泥、蜂蜜一同倒在面膜碗中。

❸ 用面膜棒充分搅拌，调和成稀薄适中的糊状即成。

苦瓜绿豆
精油
面膜

适用肤质	使用频率	面膜功效	保存期限
油性肤质	1~3 次 / 周	清热祛痘	冷藏 3 天

美容功效 cosmetics effect ▼

这款面膜富含黄连碱、苦瓜素，能深层清洁净化肌肤，改善痘痘肌肤状况。

材料 ingredients ▼

苦瓜 1 根，绿豆粉 30 克，茶树精油 1 滴，蜂蜜、水各适量。

工具 tools ▼

搅拌机，面膜碗，面膜棒。

制作方法 diy beauty ▼

❶ 苦瓜洗净去瓤，切块，搅拌成泥。

❷ 将苦瓜泥、绿豆粉、茶树精油、蜂蜜倒入面膜碗中，加入适量水，搅拌均匀即成。

猕猴桃面粉

面膜

适用肤质	使用频率	面膜功效	保存期限
各种肤质	1~3 次 / 周	排毒祛痘	冷藏 5 天

美容功效 cosmetics effect ▼

这款面膜富含维生素、果酸等营养素，可排除肌肤中的毒素，有效预防痘痘。

材料 ingredients ▼

猕猴桃 1 个，面粉 30 克，清水适量。

工具 tools ▼

搅拌机，面膜碗，面膜棒。

制作方法和使用方法 diy beauty and skin care ▼

❶ 猕猴桃洗净去皮，搅拌成泥，置于面膜碗中。

❷ 继续加入面粉、水，用面膜棒搅拌均匀即成。

❸ 洁面后，将调好的面膜涂抹在脸上（避开眼部、唇部四周的肌肤），10 ~ 15 分钟后用温水洗净即可。

百合双豆
面膜

适用肤质	使用频率	面膜功效	保存期限
油性肤质	2~3 次 / 周	排毒祛痘	冷藏 7 天

美容功效 cosmetics effect ▼

这款面膜富含维生素 C、胡萝卜素、B 族维生素，能清热解毒、凉血抗敏，不但可深层清洁肌肤，还能抑制痘痘生成。

材料 ingredients ▼

红豆粉、绿豆粉、百合粉、面粉各 10 克，纯净水适量。

工具 tools ▼

面膜碗，面膜棒。

制作方法和使用方法 diy beauty and skin care ▼

❶ 在面膜碗中加入红豆粉、绿豆粉、百合粉、面粉和适量的纯净水，用面膜棒搅拌均匀即成。

❷ 洁面后，将调好的面膜涂抹在脸上（避开眼部、唇部四周的肌肤），10 ~ 15 分钟后用温水洗净即可。

薰衣草豆粉面膜

适用肤质	使用频率	面膜功效	保存期限
油性／混合性	1~2 次／周	祛痘保湿	冷藏 1 天

美容功效 cosmetics effect ▼

这款面膜能有效控制肌肤的油脂分泌，调节肌肤表面水油平衡，起到极佳的祛痘功效，并能润泽肌肤，持久保持肌肤水分。

材料 ingredients ▼

黄豆粉 20 克，薰衣草精油 1 滴，纯净水适量。

工具 tools ▼

面膜碗，面膜棒。

制作方法和使用方法 diy beauty and skin care ▼

❶ 在面膜碗中先加入黄豆粉和适量纯净水。

❷ 在面膜碗中滴入薰衣草精油，用面膜棒搅拌均匀即成。

❸ 用温水洁面后，将调好的面膜涂抹在脸上（避开眼部、唇部四周的肌肤），静敷 10 ~ 15 分钟，用温水洗净即可。

123

玉米
牛奶
面膜

适用肤质	使用频率	面膜功效	保存期限
各种肤质	1~2次/周	祛痘紧肤	冷藏3天

美容功效 cosmetics effect ▼

这款面膜富含胡萝卜素、硒、镁等营养成分，能有效调节肌肤油脂与水分的动态平衡，防止痘痘生成。

材料 ingredients ▼

玉米片30克，牛奶50克。

工具 tools ▼

碗，面膜碗，面膜棒。

制作方法和使用方法 diy beauty and skin care ▼

❶ 将玉米粉倒入碗中，加入适量水，放入锅中煮成糊状，凉凉待用。

❷ 将玉米糊倒入面膜碗中，加入牛奶。

❸ 用面膜棒充分搅拌，调成稀薄适中的糊状即成。

❹ 洁面后，将调好的面膜涂抹在脸上（避开眼部、唇部四周的肌肤），10～15分钟后用温水洗净即可。

慈菇米醋面膜

适用肤质	使用频率	面膜功效	保存期限
各种肤质	1~3 次 / 周	祛痘美白	冷藏 3 天

美容功效 cosmetics effect ▼

这款面膜能清洁肌肤，控制多余油脂分泌，有效祛痘的同时还能美白肌肤。

材料 ingredients ▼

慈菇粉 30 克，米醋 10 克。

工具 tools ▼

面膜碗，面膜棒，面膜纸。

制作方法和使用方法 diy beauty and skin care ▼

❶ 在面膜碗中加入慈菇粉、米醋，用面膜棒搅拌。

❷ 在调好的面膜中浸入面膜纸，泡开即成。

❸ 洁面后，将浸泡好的面膜取出，敷在脸上，挤出气泡，压平面膜，静待 10 ～ 15 分钟后取下面膜，用温水洗净即可。

茯苓黄芩
蜂蜜
面膜

适用肤质	使用频率	面膜功效	保存期限
各种肤质	2~3 次 / 周	祛痘排毒	冷藏 3 天

美容功效 cosmetics effect ▼

这款面膜能深层清洁肌肤，排除毒素，改善肌肤的痘痘问题，令肌肤清透无瑕。

材料 ingredients ▼

茯苓粉、蜂蜜、黄芩粉各 10 克，纯净水适量。

工具 tools ▼

面膜碗，面膜棒。

制作方法和使用方法 diy beauty and skin care ▼

❶ 将茯苓粉、黄芩粉、蜂蜜倒入面膜碗中。

❷ 加入适量纯净水，用面膜棒搅拌均匀即成。

❸ 洁面后，将调好的面膜涂抹在脸上（避开眼部、唇部四周的肌肤），10 ~ 15 分钟后用温水洗净即可。

香蕉豆浆
面膜

适用肤质	使用频率	面膜功效	保存期限
各种肤质	1~2次/周	控油祛痘	立即使用

美容功效 cosmetics effect ▼

这款面膜能深层补充肌肤所需的水分，调节肌肤表面的油脂分泌。

材料 ingredients ▼

香蕉半根，薏米粉1匙，苹果、豆浆、蜂蜜各适量。

工具 tools ▼

搅拌机，面膜碗，面膜棒。

制作方法 diy beauty ▼

❶ 香蕉带皮，苹果去皮及子，一同放入搅拌机搅拌成泥。

❷ 将果泥、薏米粉、豆浆、蜂蜜一起倒在面膜碗中，用面膜棒充分搅拌即成。

绿茶
珍珠粉
面膜

适用肤质	使用频率	面膜功效	保存期限
油性肤质	1~3 次 / 周	祛痘美白	冷藏 3 天

美容功效 cosmetics effect ▼
这款面膜含丰富的护肤有效成分，能活化肌肤，排除肌肤中的毒素。

材料 ingredients ▼
珍珠粉、绿茶粉各 10 克，纯净水适量。

工具 tools ▼
面膜碗，面膜棒。

制作方法 diy beauty ▼
❶ 将珍珠粉、绿茶粉一同倒在面膜碗中。
❷ 加入适量纯净水，用面膜棒搅拌均匀即成。

绿豆粉
面膜

适用肤质	使用频率	面膜功效	保存期限
各种肤质	2~3次/周	排毒祛痘	冷藏3天

美容功效 cosmetics effect ▼

这款面膜富含的维生素E能阻止人体细胞内不饱和脂肪酸的氧化和分解,清凉排毒。

材料 ingredients ▼

绿豆粉3大匙,小麦胚芽油2滴,鲜奶适量。

工具 tools ▼

面膜碗,面膜棒。

制作方法和使用方法 diy beauty and skin care ▼

❶ 将绿豆粉、小麦胚芽油、鲜奶放入面膜碗内。

❷ 用面膜棒调和均匀即成。

❸ 洁面后,将调好的面膜涂抹在脸上(避开眼部、唇部四周的肌肤),10~15分钟后用温水洗净即可。

蒲公英
面膜

适用肤质	使用频率	面膜功效	保存期限
各种肤质	1~2 次 / 周	清洁祛痘	冷藏 2 天

美容功效 cosmetics effect ▼
这款面膜能深层清洁、滋润肌肤，并能控制肌肤分泌多余脂肪，有效控油祛痘。

材料 ingredients ▼
干蒲公英 30 克，绿豆 20 克。

工具 tools ▼
锅，纱布，面膜碗，面膜棒，面膜纸。

制作方法和使用方法 diy beauty and skin care ▼
❶ 蒲公英、绿豆分别煮水，滤水，置于面膜碗中。
❷ 搅拌均匀后浸入面膜纸，泡开即成。
❸ 洁面后，将泡好的面膜纸敷在脸上（避开眼部、唇部四周的肌肤），10 ～ 15 分钟后用温水洗净即可。

生菜
去粉刺
面膜

适用肤质	使用频率	面膜功效	保存期限
各种肤质	1~2 次 / 周	消炎祛痘	冷藏 2 天

美容功效 cosmetics effect ▼

这款面膜含莴苣素，对患处有镇定、消炎之功效，可有效治疗痤疮。

材料 ingredients ▼

生菜 1 颗。

工具 tools ▼

锅，纱布，面膜碗，面膜纸。

制作方法 diy beauty ▼

❶ 将生菜叶捣碎，加少量水，煮 5 分钟。

❷ 将叶子捞出，包入纱布中，将汤汁滤入面膜碗，将面膜纸浸泡在里面。

芦荟
排毒
面膜

适用肤质	使用频率	面膜功效	保存期限
油性肤质	2~3 次 / 周	消炎祛痘	冷藏 3 天

美容功效 cosmetics effect ▼
这款面膜含氧化氢酶、维生素 A、B 族维生素、半胱
氨酸以及大量矿物质，能消除超氧化物自由基，从
而去痘排毒，令肌肤光洁亮丽。

材料 ingredients ▼
新鲜芦荟叶 2 片。

工具 tools ▼
水果刀，透气胶布。

制作方法 diy beauty ▼
❶ 将芦荟叶去皮，取果肉，切成小块。
❷ 将果肉用纱布包裹即成。
❸ 用透气胶布将芦荟贴在痘痘上，隔 1 天即可消炎
去肿。

金银花消炎面膜

适用肤质	使用频率	面膜功效	保存期限
各种肤质	1~2 次 / 周	消炎杀菌	冷藏 1 天

美容功效 cosmetics effect ▼

金银花含绿原酸，能抗菌消炎。还含有皂苷、肌醇、挥发油及黄酮等，可治疗青春痘、面疱、扁平疣等。

材料 ingredients ▼

干金银花 15 克 ，茶树精油 1 滴。

工具 tools ▼

砂锅，纱布，面膜碗，面膜棒，面膜纸。

制作方法和使用方法 diy beauty and skin care ▼

❶ 金银花洗净，放入砂锅，加适量水煎煮 20 分钟，以净纱布滤取药汁，放凉备用。

❷ 将药汁倒入面膜碗中，滴入茶树精油，用面膜棒调匀，放入面膜纸泡即成。

❸ 洁面后，将浸泡好的面膜取出，敷在脸上，挤出气泡，压平面膜，静待 10 ~ 15 分钟后取下面膜，用温水洗净即可。

芦荟蛋白面膜

适用肤质	使用频率	面膜功效	保存期限
各种肤质	1~2 次 / 周	杀菌消毒	冷藏 3 天

美容功效 cosmetics effect ▼

芦荟可消炎镇定；蛋白可清热解毒，所含蛋白质可促进皮肤生长；蜂蜜所含的维生素、果糖能杀菌、加速伤口愈合。

材料 ingredients ▼

芦荟叶 1 片，鸡蛋 1 个，蜂蜜 1 匙。

工具 tools ▼

搅拌机，面膜碗，面膜棒。

制作方法和使用方法 diy beauty and skin care ▼

❶ 将芦荟切小块与蛋白一起放入搅拌机中打成泥。

❷ 将打好的泥倒入面膜碗中，加入蜂蜜，用面膜棒调匀即成。

❸ 洁面后，将调好的面膜涂抹在脸上（避开眼部、唇部四周的肌肤），10 ~ 15 分钟后用温水洗净即可。

绿茶 南瓜 面膜

适用肤质	使用频率	面膜功效	保存期限
油性／混合性	1~2 次／周	杀菌祛痘	冷藏 3 天

美容功效 cosmetics effect ▼

南瓜富含碳水化合物、蛋白质、膳食纤维及微量元素，可去痘、去皱、美白、补水。绿茶富含维生素 C，其中的类黄酮还能增强维生素 C 的抗氧化功效，可消炎、杀菌，保持皮肤白皙年轻。

材料 ingredients ▼

绿茶粉 2 大匙，南瓜肉 4 大匙，豆腐 4 大匙。

工具 tools ▼

榨汁机，面膜碗，面膜棒。

制作方法和使用方法 diy beauty and skin care ▼

❶ 将南瓜洗净，去皮，去子，放在锅里蒸软。
❷ 将南瓜、豆腐、绿茶粉一同放进榨汁机中，搅拌成糊状，倒入面膜碗拌匀。
❸ 洁面后，将调好的面膜涂抹在脸上（避开眼部、唇部四周的肌肤），10 ~ 15 分钟后用温水洗净即可。

绿茶
清洁
面膜

适用肤质	使用频率	面膜功效	保存期限
油性肤质	1~2 次 / 周	消除粉刺	冷藏 3 天

美容功效 cosmetics effect ▼

绿茶粉所含的单宁酸可收缩肌肤，有助于养颜润肤。
除能美白肌肤以外，还具有杀菌作用，对粉刺化脓
也有特效。

材料 ingredients ▼

绿茶粉、绿豆粉各30克，鸡蛋1个。

工具 tools ▼

面膜碗，面膜棒。

制作方法和使用方法 diy beauty and skin care ▼

❶ 将鸡蛋磕开，滤取蛋清，打散。

❷ 将绿茶粉、绿豆粉放入面膜碗中，加入蛋清和适
量水，用面膜棒搅拌均匀即可。

❸ 洁面后，将调好的面膜涂抹在脸上（避开眼部、
唇部四周的肌肤），10~15分钟后用温水洗净即可。

芦荟 豆腐 面膜

适用肤质	使用频率	面膜功效	保存期限
各种肤质	1~3 次 / 周	消炎抗痘	冷藏 1 天

美容功效 cosmetics effect ▼
芦荟含有丰富的天然维生素,可滋养肌肤、消除油脂,有效抑制痘痘的产生。

材料 ingredients ▼
芦荟叶 1 片,豆腐 40 克,蜂蜜 1 匙。

工具 tools ▼
榨汁机,面膜碗,面膜棒。

制作方法 diy beauty ▼
❶ 芦荟洗净,去皮,放入榨汁机中榨取汁液。
❷ 将芦荟汁、豆腐、蜂蜜一同放入面膜碗中。
❸ 用面膜棒充分搅拌均匀即成。

大蒜
蜂蜜
面膜

适用肤质	使用频率	面膜功效	保存期限
油性肤质	1~2 次 / 周	抑菌祛痘	冷藏 1 天

美容功效 cosmetics effect ▼

这款面膜具有极佳的抑菌作用，能有效排除肌肤毒素，抑制痤疮、粉刺的生成，令肌肤变得更加细腻光洁。

材料 ingredients ▼

大蒜 25 克，蜂蜜 15 克。

工具 tools ▼

捣蒜器，面膜碗，面膜棒。

制作方法和使用方法 diy beauty and skin care ▼

❶ 大蒜去皮，用捣蒜器捣成蒜泥。

❷ 将蒜泥、蜂蜜倒在面膜碗中，用面膜棒搅拌均匀即成。

❸ 洁面后，将调好的面膜涂抹在脸上（避开眼部、唇部四周的肌肤），10 ~ 15 分钟后用温水洗净即可。

金盏花祛痘面膜

适用肤质	使用频率	面膜功效	保存期限
中性／油性	1~3 次／周	杀菌祛痘	冷藏 2 天

美容功效 cosmetics effect ▼

金盏花有很强的愈合能力，可杀菌、收敛伤口，改善发炎、青春痘、暗疮和毛孔粗大。

材料 ingredients ▼

干金盏花 15 克，柠檬汁 5 滴，奶酪 1 小片。

工具 tools ▼

面膜碗，面膜棒。

制作方法 diy beauty ▼

❶ 将干金盏花用开水冲泡，静置 8 分钟，取茶汤备用。

❷ 将柠檬汁、奶酪、茶汤一同放入面膜碗中，用面膜棒充分搅拌均匀即成。

绿豆盐粉
面膜

适用肤质	使用频率	面膜功效	保存期限
各种肤质	1~3 次 / 周	排毒祛痘	冷藏 5 天

美容功效 cosmetics effect ▼
绿豆富含蛋白质、脂肪、胡萝卜素等成分，能排出肌肤的毒素，去除老化角质。

材料 ingredients ▼
绿豆粉 35 克，养乐多 15 克，细盐 1 小匙。

工具 tools ▼
面膜碗，面膜棒。

制作方法和使用方法 diy beauty and skin care ▼
❶ 将绿豆粉、养乐多、细盐一同放入面膜碗中。
❷ 用面膜棒充分搅拌，调成泥即可。
❸ 洁面后，将调好的面膜涂抹在脸上（避开眼部、唇部四周的肌肤），10 ~ 15 分钟后用温水洗净即可。

第五章
抗敏舒缓面膜

抗敏舒缓面膜不但能彻底地洁净肌肤，还能调理肤质，为肌肤消除倦怠及压力，镇静肌肤，使肌肤高度舒缓。长期使用抗敏舒缓面膜，能降低肌肤对外界环境变化的过度敏感，使肌肤变得正常自如。

冰牛奶豆腐
面膜

适用肤质	使用频率	面膜功效	保存期限
各种肤质	2~3 次 / 周	镇静抗敏	冷藏 3 天

美容功效 cosmetics effect ▼

这款面膜富含的滋养美容成分能迅速渗透至肌肤深层，补充受损敏感肌肤所需的水分与养分，舒缓敏感症状。

材料 ingredients ▼

豆腐 50 克，牛奶 10 克。

工具 tools ▼

捣蒜器，面膜碗，面膜棒。

制作方法 diy beauty ▼

❶ 将豆腐切块，放入捣蒜器中捣成泥。

❷ 将牛奶放入冰箱中冷藏 1 小时。

❸ 将豆腐泥、冰牛奶倒入面膜碗中，用面膜棒搅拌均匀即成。

玫瑰檀香抗压面膜

适用肤质	使用频率	面膜功效	保存期限
各种肤质	1~2 次 / 周	镇静抗敏	冷藏 1 天

美容功效 cosmetics effect ▼

这款面膜能温和护理肌肤，可以增加肌肤的含水量，让肌肤得到最佳的舒缓与镇静功效。

材料 ingredients ▼

玫瑰精油、檀香精油、薰衣草精油、天竺葵精油各 1 滴，鲜牛奶 150 克。

工具 tools ▼

面膜碗，面膜棒。

制作方法和使用方法 diy beauty and skin care ▼

❶ 将玫瑰精油、檀香精油、薰衣草精油、天竺葵精油滴入面膜碗中。

❷ 慢慢倒入新鲜牛奶，用面膜棒适度搅拌即成。

❸ 洁面后，将面膜纸浸泡在面膜汁中，令其浸满胀开，取出贴敷在面部，10 ~ 15 分钟后揭下面膜，温水洗净即可。

米酒
面膜

适用肤质	使用频率	面膜功效	保存期限
油性肤质	1~2次/周	镇静抗敏	冷藏1天

美容功效 cosmetics effect ▼

这款面膜含丰富的维生素E、B族维生素、氨基酸等美肤成分，能修复受损肌肤，令肌肤清爽润泽。

材料 ingredients ▼

米酒、冰糖各10克，党参、南瓜各20克。

工具 tools ▼

搅拌器，面膜碗，面膜棒。

制作方法和使用方法 diy beauty and skin care ▼

❶ 南瓜去皮，党参泡发，加入冰糖，一起入搅拌器搅拌成泥。

❷ 在面膜碗中加入面膜泥、米酒，用面膜棒搅拌均匀即成。

❸ 洁面后，将调好的面膜涂抹在脸上（避开眼部、唇部四周的肌肤），10～15分钟后用温水洗净即可。

冰牛奶
面膜

适用肤质	使用频率	面膜功效	保存期限
各种肤质	1~3 次 / 周	保湿抗敏	冷藏 3 天

美容功效 cosmetics effect ▼

冰牛奶面膜不仅能对红肿、过敏肌肤起到镇静效果，还能淡化黑眼圈。

材料 ingredients ▼

冰块 50 克，牛奶 30 克。

工具 tools ▼

面膜碗，化妆棉。

制作方法和使用方法 diy beauty and skin care ▼

❶ 将冰块、牛奶放入面膜碗中。

❷ 在牛奶中侵入化妆棉即成。

❸ 洁面后，将泡好的化妆棉敷在脸上（避开眼部、唇部四周的肌肤），10 ~ 15 分钟后用温水洗净即可。

木瓜奶蜜面膜

适用肤质	使用频率	面膜功效	保存期限
油性肤质	1~2 次 / 周	镇静抗敏	冷藏 3 天

美容功效 cosmetics effect ▼

这款面膜富含木瓜醇、维生素 C 等天然营养素，具有独特锁水能力，可加强肌肤的屏障功能，镇静、安抚敏感的肌肤。

材料 ingredients ▼

木瓜 1/4 个，牛奶 30 克，蜂蜜 1 匙，面粉适量。

工具 tools ▼

搅拌器，面膜碗，面膜棒。

制作方法和使用方法 diy beauty and skin care ▼

❶ 将木瓜洗净，去皮去子，放入搅拌器打成泥。
❷ 将木瓜泥、牛奶、蜂蜜一同倒入面膜碗中。
❸ 加入适量面粉，用面膜棒搅拌调匀即成。
❹ 洁面后，将调好的面膜涂抹在脸上（避开眼部、唇部四周的肌肤），10～15 分钟后用温水洗净即可。

香蕉奶油绿茶

面膜

适用肤质	使用频率	面膜功效	保存期限
各种肤质	1~2 次 / 周	镇静舒缓	立即使用

美容功效 cosmetics effect ▼

绿茶含有丰富的丹宁、儿茶素、茶多酚及维生素C等成分，能帮助安抚、镇静肌肤，淡化肌肤中的黑色素，并有极佳的抗氧化功效，能有效保护肌肤，减少因紫外线及污染而产生的游离基，有效延缓肌肤衰老，令肌肤变得白皙无瑕、细腻柔嫩。

材料 ingredients ▼

香蕉半根，奶油 20 克，绿茶 1 包。

工具 tools ▼

捣蒜器，茶杯，面膜碗。

制作方法 diy beauty ▼

❶ 将香蕉捣成泥状，绿茶冲泡滤出茶水待用。
❷ 将香蕉泥、奶油、绿茶水一同倒在面膜碗中，用面膜棒搅拌均匀即成。

橙花洋甘菊
牛奶

适用肤质	使用频率	面膜功效	保存期限
敏感肤质	1~2 次 / 周	镇静抗敏	冷藏 1 天

美容功效 cosmetics effect ▼

这款面膜富含胆碱、菊苷及维生素等成分，具有绝佳的净化及镇静肌肤的功效。

材料 ingredients ▼

牛奶 10 克，橙花精油 1 滴，洋甘菊精油 2 滴。

工具 tools ▼

面膜碗，面膜棒，面膜纸。

制作方法 diy beauty ▼

❶ 在面膜碗中倒入牛奶，滴入橙花精油、洋甘菊精油，用面膜棒搅拌均匀。
❷ 在调好的面膜中浸入面膜纸，泡开即成。

西瓜薏米面膜

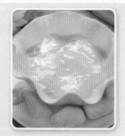

适用肤质	使用频率	面膜功效	保存期限
敏感肤质	1~2 次 / 周	镇静抗敏	冷藏 3 天

美容功效 cosmetics effect ▼

这款面膜由西瓜、薏米等材料制作而成，能修复受损细胞，镇静肌肤。

材料 ingredients ▼

西瓜 50 克，薏米粉 30 克，纯净水少许。

工具 tools ▼

捣蒜器，面膜碗，面膜棒。

制作方法和使用方法 diy beauty and skin care ▼

❶ 西瓜去皮切块，放入捣蒜器中捣成泥状。

❷ 将西瓜泥、薏米粉一同倒入面膜碗中，加适量纯净水搅拌均匀即成。

❸ 洁面后，将调好的面膜涂抹在脸上（避开眼部、唇部四周的肌肤），10 ~ 15 分钟后用温水洗净即可。

甘菊鸡蛋牛奶
面膜

适用肤质	使用频率	面膜功效	保存期限
敏感肤质	1~3次/周	镇静抗敏	冷藏2天

美容功效 cosmetics effect ▼

这款面膜富含甘菊、牛奶等天然美肌成分，能有效镇静抗敏，舒缓肌肤。

材料 ingredients ▼

鸡蛋1个，甘菊5克，牛奶、面粉各15克。

工具 tools ▼

面膜碗，面膜棒。

制作方法 diy beauty ▼

❶用开水冲泡甘菊，滤水，置于面膜碗中。
❷磕开鸡蛋，取鸡蛋清入碗，加入甘菊水、牛奶、面粉，用面膜棒搅拌均匀即成。

甘菊 玫瑰 面膜

适用肤质	使用频率	面膜功效	保存期限
各种肤质	1~2 次 / 周	保湿抗敏	冷藏 3 天

美容功效 cosmetics effect ▼

这款面膜能迅速补充肌肤所需的水分，改善皮肤干燥粗糙的状况，抵抗敏感因子，恢复皮肤健康状态。

材料 ingredients ▼

干洋甘菊花 10 克，玫瑰精油、天竺葵油各 1 滴，橄榄油适量。

工具 tools ▼

面膜碗，面膜棒。

制作方法和使用方法 diy beauty and skin care ▼

❶ 用开水冲泡干洋甘菊花，放置 15 分钟后，滤出花汁。

❷ 将洋甘菊花汁倒在面膜碗中，加入玫瑰精油、天竺葵油和橄榄油。

❸ 用面膜棒搅拌两下即成。

❹ 洁面后，将面膜纸浸泡在面膜汁中，令其浸满胀开，取出贴敷在面部，10 ~ 15 分钟后揭下面膜，用温水洗净即可。

芹菜
蜂蜜
面膜

适用肤质	使用频率	面膜功效	保存期限
敏感肤质	1~3 次 / 周	美白抗敏	冷藏 1 天

美容功效 cosmetics effect ▾

这款面膜能清热排毒，具有镇静、保湿的功效，可帮助消除面部红肿等敏感现象。

材料 ingredients ▾

芹菜 100 克，蜂蜜 10 克。

工具 tools ▾

榨汁机，面膜碗，面膜棒。

制作方法和使用方法 diy beauty and skin care ▾

❶ 芹菜洗净，切段，榨汁，置于面膜碗中。
❷ 在面膜碗中加入蜂蜜，用面膜棒搅拌均匀即成。
❸ 洁面后，将调好的面膜涂抹在脸上（避开眼部、唇部四周的肌肤），10 ~ 15 分钟后用温水洗净即可。

洋甘菊黄瓜面膜

适用肤质	使用频率	面膜功效	保存期限
敏感肤质	1~2次 / 周	镇静抗敏	冷藏 2 天

美容功效 cosmetics effect ▾

这款面膜富含胆碱、菊苷及维生素等成分，具有绝佳的净化及镇静肌肤的功效。

材料 ingredients ▾

黄瓜半根，洋甘菊精油 1 滴，面粉 2 匙。

工具 tools ▾

搅拌器，面膜碗，面膜棒。

制作方法 diy beauty ▾

❶ 黄瓜洗净切块，置于搅拌器中打成泥。

❷ 将洋甘菊精油、黄瓜泥一同放入面膜碗中，加入面粉，用面膜棒搅拌调匀即成。

洋甘菊
面膜

适用肤质	使用频率	面膜功效	保存期限
各种肤质	1~2次/周	镇静修复	冷藏3天

美容功效 cosmetics effect ▼

这款面膜对肌肤具有极佳的渗透能力，能激活细胞自身修护能力，改善肤质。

材料 ingredients ▼

洋甘菊花5克，清水适量。

工具 tools ▼

锅，面膜碗，面膜纸。

制作方法 diy beauty ▼

❶ 将甘菊花放入锅中，加清水煎煮成汁，滤取汁液。
❷ 晾至温凉后，将洋甘菊花汁倒入面膜碗中，放入面膜纸泡开即成。

甘菊薰衣草面膜

适用肤质	使用频率	面膜功效	保存期限
敏感肤质	1~3次/周	镇静舒缓	冷藏1天

美容功效 cosmetics effect ▼

这款面膜富含甘菊、薰衣草等美肌成分,能镇静抗敏,舒缓美白肌肤。

材料 ingredients ▼

甘菊10克,薰衣草精油2滴。

工具 tools ▼

锅,纱布,面膜碗,面膜棒,面膜纸。

制作方法和使用方法 diy beauty and skin care ▼

❶ 用开水冲泡甘菊,滤水,置于面膜碗中。
❷ 面膜碗中滴入精油,拌匀,浸入面膜纸,泡开即成。
❸ 洁面后,将泡好的面膜纸敷在脸上(避开眼部、唇部四周的肌肤),10 ~ 15分钟后用温水洗净即可。

甘菊
薄荷
面膜

适用肤质	使用频率	面膜功效	保存期限
敏感肤质	1~3次/周	祛痘抗敏	冷藏1天

美容功效 cosmetics effect ▼
这款面膜富含甘菊、薄荷等抗敏成分，能镇静抗敏，有效祛痘，舒缓肌肤。

材料 ingredients ▼
甘菊5克，薄荷叶3克。

工具 tools ▼
锅，纱布，面膜碗，面膜棒，面膜纸。

制作方法 diy beauty ▼
❶ 用开水冲泡甘菊，滤水，置于面膜碗中。
❷ 薄荷叶煮水，滤水，置于面膜碗中。
❸ 在调好的面膜中浸入面膜纸，泡开即成。

红豆红糖冰镇面膜

适用肤质	使用频率	面膜功效	保存期限
各种肤质	2~3 次 / 周	抗敏止痒	冷藏 7 天

美容功效 cosmetics effect ▼

红豆富含维生素 B_1、维生素 B_2、蛋白质及多种矿物质，有补血消肿之效，在有效清洁肌肤的同时快速减轻肌肤干燥、微痒的不适感觉。

材料 ingredients ▼

红糖、红豆各 50 克，冰糖 10 克。

工具 tools ▼

刀，搅拌器、面膜碗，面膜棒。

制作方法和使用方法 diy beauty and skin care ▼

❶ 将红豆浸泡 1 小时左右，放入搅拌器中搅拌成糊状。

❷ 将红豆泥、红糖、冰糖一同放入面膜碗中，用面膜棒充分搅拌即成。

❸ 洁面后，将调好的面膜涂抹在脸上（避开眼部、唇部四周的肌肤），10 ~ 15 分钟后用温水洗净即可。

南瓜
黄酒
面膜

适用肤质	使用频率	面膜功效	保存期限
各种肤质	1~2 次 / 周	清凉镇静	冷藏 3 天

美容功效 cosmetics effect ▼

南瓜富含维生素、生物碱等营养，有镇静、保湿、抗过敏的功效，可使肌肤健康红润。

材料 ingredients ▼

南瓜 1 块，党参 1 根，黄酒、白砂糖适量。

工具 tools ▼

刀，搅拌器，面膜碗，面膜棒。

制作方法 diy beauty ▼

❶ 将党参、南瓜切成小块，放入搅拌器中打成泥。
❷ 将打好的泥倒入面膜碗中，加入黄酒、白砂糖，用面膜棒搅拌均匀即成。

苹果地瓜蜂蜜香熏油面膜

适用肤质	使用频率	面膜功效	保存期限
各种肤质	1~3 次 / 周	清凉舒爽	冷藏 7 天

美容功效 cosmetics effect ▼

这款面膜富含果酸，可消除脸部干痒，促进新陈代谢，使皮肤焕发光彩。

材料 ingredients ▼

苹果、地瓜各 50 克，蜂蜜、香熏油各 10 克。

工具 tools ▼

刀，搅拌器，面膜碗，面膜棒。

制作方法 diy beauty ▼

❶ 将地瓜、苹果去皮切状，入搅拌器中打成泥。
❷ 将果泥倒入面膜碗中，加入蜂蜜、香熏油，一起搅拌均匀即成。

南瓜
米酒
面膜

适用肤质	使用频率	面膜功效	保存期限
各种肤质	1~2次/周	抗敏修复	冷藏5天

美容功效 cosmetics effect ▼

这款面膜富含维生素、氨基酸等营养，可修复受损细胞，令肌肤清爽润泽。

材料 ingredients ▼

南瓜50克，米酒、冰糖各10克。

工具 tools ▼

刀，搅拌器，面膜碗，面膜棒。

制作方法 diy beauty ▼

❶ 将南瓜去皮切状，与冰糖一同放入搅拌器中打成泥。

❷ 将南瓜泥倒入面膜碗中，加入米酒，用面膜棒搅拌均匀即成。

第六章
抗老活肤面膜

抗衰老面膜富含天然抗氧化剂等精华元素，能在短时间内激发肌肤的最大活力，强效抑制氧自由基的活性，从而帮助延缓肌肤衰老，改善肌肤细纹、斑点等老化状态，令肌肤变得润泽细腻、富有光泽。

香蕉牛奶浓茶

面膜

适用肤质	使用频率	面膜功效	保存期限
各种肤质	1~3 次 / 周	延缓衰老	立即使用

美容功效 cosmetics effect ▼
这款面膜能中和并清除肌肤中的氧自由基，帮助延缓肌肤衰老，预防皱纹产生，令肌肤变得柔嫩细腻。

材料 ingredients ▼
香蕉 1 根，牛奶 20 克，乌龙茶 1 包。

工具 tools ▼
茶杯，面膜碗，面膜棒。

制作方法和使用方法 diy beauty and skin care ▼
❶ 香蕉去皮捣成泥状。
❷ 乌龙茶冲泡取茶水。
❸ 将香蕉泥、牛奶、茶水一同倒入面膜碗中，用面膜棒充分搅拌，调成糊状即成。
❹ 洁面后，将调好的面膜涂抹在脸上（避开眼部、唇部四周的肌肤），10 ~ 15 分钟后用温水洗净即可。

芦荟黑芝麻面膜

适用肤质	使用频率	面膜功效	保存期限
各种肤质	2~3 次 / 周	延缓衰老	冷藏 2 天

美容功效 cosmetics effect ▼

这款面膜富含维生素 E 与芦荟凝胶等成分，能促进肌肤细胞更新，中和细胞内游离基的沉淀，有效延缓细胞衰老。

材料 ingredients ▼

黑芝麻粉 50 克，芦荟叶 2 片，蜂蜜适量。

工具 tools ▼

捣蒜器，面膜碗，面膜棒。

制作方法和使用方法 diy beauty and skin care ▼

❶ 将芦荟洗净去皮切块，放入捣蒜器打成胶质。
❷ 将黑芝麻粉、芦荟胶、蜂蜜一同倒在面膜碗中。
❸ 用面膜棒充分搅拌，调成稀薄适中的糊状即成。
❹ 洁面后，将调好的面膜涂抹在脸上，10~15 分钟后用温水洗净即可。

香蕉奶燕麦蜜

面膜

适用肤质	使用频率	面膜功效	保存期限
各种肤质	1~2次/周	淡化细纹	立即使用

美容功效 cosmetics effect ▼
促进肌肤细胞更新，加快皮肤新陈代谢，有效延缓肌肤衰老，淡化细纹，令肌肤变得紧致、富有弹性。

材料 ingredients ▼
香蕉、牛奶、燕麦片、葡萄干、蜂蜜各适量。

工具 tools ▼
锅，捣蒜器，面膜碗，面膜棒。

制作方法和使用方法 diy beauty and skin care ▼
❶ 将牛奶、燕麦片、葡萄干入锅煮至熟烂，放凉待用。
❷ 将香蕉捣成泥状。
❸ 将所有材料放入面膜碗中，用面膜棒充分搅拌即成。
❹ 洁面后，将调好的面膜涂抹在脸上（避开眼部、唇部四周的肌肤），10～15分钟后用温水洗净即可。

火龙果麦片面膜

适用肤质	使用频率	面膜功效	保存期限
各种肤质	1~2次/周	滋养祛皱	冷藏3天

美容功效 cosmetics effect ▼

这款面膜富含营养元素，能迅速提升肌肤弹性，淡化细纹，令肌肤润泽柔嫩。

材料 ingredients ▼

火龙果1个，燕麦片、珍珠粉各15克，纯净水适量。

工具 tools ▼

捣蒜器，面膜碗，面膜棒。

制作方法 diy beauty ▼

❶ 火龙果切开，取果肉，捣成泥状。

❷ 将果泥、珍珠粉、燕麦片、适量纯净水一同倒入面膜碗中。

❸ 用面膜棒充分搅拌均匀即成。

番茄杏仁

面膜

适用肤质	使用频率	面膜功效	保存期限
各种肤质	1~2 次 / 周	润泽抗衰	冷藏 3 天

美容功效 cosmetics effect ▼

这款面膜含有的维生素、蛋白质等美肤成分能深层滋养润泽肌肤，祛斑除皱，帮助改善暗沉粗糙的肌肤状况。

材料 ingredients ▼

番茄 1 个，杏仁粉 30 克，橄榄油 1 匙。

工具 tools ▼

榨汁机，面膜碗，面膜棒。

制作方法和使用方法 diy beauty and skin care ▼

❶ 将番茄洗净切块，放入榨汁机榨成汁。
❷ 将番茄汁、杏仁粉、橄榄油放入面膜碗中。
❸ 用面膜棒充分搅拌，调和成糊状即成。
❹ 洁面后，将调好的面膜涂抹在脸上（避开眼部、唇部四周的肌肤），10～15 分钟后用温水洗净即可。

番茄黄豆粉面膜

适用肤质	使用频率	面膜功效	保存期限
各种肤质	1~2次/周	延缓衰老	冷藏3天

美容功效 cosmetics effect ▼

这款面膜具有雌激素活性的植物性雌激素，能有效延缓肌肤的衰老。

材料 ingredients ▼

番茄1个，黄豆粉30克，水适量。

工具 tools ▼

搅拌器，面膜碗，面膜棒。

制作方法 diy beauty ▼

❶ 番茄洗净，去皮及蒂，于搅拌器中打成泥。

❷ 将番茄泥、黄豆粉一同倒在面膜碗中。

❸ 加入少许水，用面膜棒搅拌均匀即成。

红糖
琼脂
面膜

适用肤质	使用频率	面膜功效	保存期限
各种肤质	2~3次/周	美白抗衰	冷藏3天

美容功效 cosmetics effect ▼

这款面膜富含氨基酸、矿物质和多种维生素，能减少肌肤老化后的斑点。

材料 ingredients ▼

红糖10克，琼脂5克，红茶水100克。

工具 tools ▼

锅，面膜碗，面膜棒。

制作方法和使用方法 diy beauty and skin care ▼

❶ 将红茶水倒入锅中煮开，加入琼脂及红糖，用小火煮至融化，盛入面膜碗中。
❷ 用面膜棒搅拌均匀，取出后放凉即成。
❸ 洁面后，将调好的面膜涂抹在脸上（避开眼部、唇部四周的肌肤），10~15分钟后用温水洗净即可。

适用肤质	使用频率	面膜功效	保存期限
各种肤质	1~3 次 / 周	祛皱美白	冷藏 3 天

美容功效 cosmetics effect ▼

这款面膜富含木瓜酶与滋养因子，能加快新陈代谢，延缓细胞衰老。

材料 ingredients ▼

木瓜 1/4 个，杏仁粉 30 克。

工具 tools ▼

搅拌器，面膜碗，面膜棒。

制作方法 diy beauty ▼

❶ 将木瓜洗净，去皮去子，放入搅拌器打成泥。
❷ 将木瓜泥、杏仁粉一同倒入面膜碗中。
❸ 用面膜棒充分搅拌，调和成糊状即成。

苦瓜
面膜

适用肤质	使用频率	面膜功效	保存期限
各种肤质	1~2次/周	淡斑除皱	冷藏3天

美容功效 cosmetics effect ▼

这款面膜富含维生素、苦瓜苷等营养素，能增强肌肤细胞活力。

材料 ingredients ▼

苦瓜1根。

工具 tools ▼

刀。

制作方法 diy beauty ▼

❶ 将苦瓜洗净，切半，去除内瓤。

❷ 用刀将处理好的苦瓜切成极薄的薄片即可。

海带粉 蜂蜜 面膜

适用肤质	使用频率	面膜功效	保存期限
中干性肤质	2~3次/周	紧致抗老	冷藏3天

美容功效 cosmetics effect ▼

这款面膜富含胶质、氨基酸及B族维生素等，可增加肌肤的含水量，赋予肌肤弹性与紧致，同时可促进肌肤新陈代谢，活化肌肤，防止肌肤老化。

材料 ingredients ▼

海带粉2大匙，蜂蜜1匙，热水适量。

工具 tools ▼

面膜棒，面膜碗。

制作方法和使用方法 diy beauty and skin care ▼

① 将海带粉倒入面膜碗中，加入蜂蜜。

② 再慢慢加入热水，边加边搅拌，拌成均匀的糊状即成。

③ 洁面后，将调好的面膜涂抹在脸上（避开眼部、唇部四周的肌肤），10～15分钟后用温水洗净即可。

乳米面粉
面膜

适用肤质	使用频率	面膜功效	保存期限
各种肤质	1~3次/周	抗老祛皱	冷藏3天

美容功效 cosmetics effect ▼
这款面膜含丰富的营养成分，能润泽肌肤，提升肌肤活力与弹性，延缓肌肤衰老。

材料 ingredients ▼
大米50克，鲜奶30克，面粉10克。

工具 tools ▼
锅，面膜碗，面膜棒。

制作方法 diy beauty ▼
❶ 大米洗净，入锅加水煮粥，凉凉。
❷ 将粥与鲜奶、面粉一同倒入面膜碗中，用面膜棒搅拌均匀即成。

柳橙祛皱面膜

适用肤质	使用频率	面膜功效	保存期限
各种肤质	1~2 次 / 周	祛皱滋养	冷藏 3 天

美容功效 cosmetics effect ▼

这款面膜含有丰富的维生素 C，具有极佳的抗氧化功效，能滋养肌肤，淡化细纹。

材料 ingredients ▼

柳橙 1 个，维生素 E 胶囊 1 颗。

工具 tools ▼

榨汁机，面膜碗，面膜棒。

制作方法 diy beauty ▼

❶ 柳橙洗净，榨取汁液，倒入面膜碗中。

❷ 在面膜碗中加入维生素 E，用面膜棒搅拌均匀即成。

蛋黄
维 E
面膜

适用肤质	使用频率	面膜功效	保存期限
油性肤质	1~2 次 / 周	抗老排毒	冷藏 1 天

美容功效 cosmetics effect ▼

这款面膜含有天然抗氧化剂，能抑制罗氨酸酶活性，有效缓解肌肤衰老。

材料 ingredients ▼

鸡蛋 1 个，蜂蜜 10 克，维生素 E 胶囊 1 颗。

工具 tools ▼

面膜碗，面膜棒。

制作方法和使用方法 diy beauty and skin care ▼

❶ 鸡蛋磕开，取蛋黄入面膜碗打散；维生素 E 胶囊戳开，取油液。

❷ 再加入蜂蜜，用面膜棒搅拌均匀即成。

❸ 洁面后，将调好的面膜涂抹在脸上（避开眼部、唇部四周的肌肤），10 ~ 15 分钟后用温水洗净即可。

适用肤质	使用频率	面膜功效	保存期限
各种肤质	1~2次/周	抗衰祛皱	冷藏2天

美容功效 cosmetics effect ▼

这款面膜能强效活化肌肤，抑制脂质的过氧化反应，帮助肌肤延缓衰老。

材料 ingredients ▼

绿豆粉40克，鸡蛋1个，蜂蜜1匙，清水适量。

工具 tools ▼

面膜碗，面膜棒。

制作方法 diy beauty ▼

❶ 将鸡蛋磕开，滤取蛋清，打至泡沫状。

❷ 将绿豆粉、蛋清、蜂蜜倒入面膜碗中。

❸ 加入适量清水，用面膜棒调匀即成。

糯米
蛋清
面膜

适用肤质	使用频率	面膜功效	保存期限
各种肤质	1~3次/周	抗老祛皱	冷藏3天

美容功效 cosmetics effect ▼
这款面膜含丰富的滋养润泽成分，能深层营养肌肤细胞，帮助延缓肌肤衰老，淡化老化细纹，令肌肤变得柔嫩细腻。

材料 ingredients ▼
鸡蛋1个，糯米粉20克，面粉10克，纯净水适量。

工具 tools ▼
面膜碗，面膜棒。

制作方法和使用方法 diy beauty and skin care ▼
❶ 鸡蛋磕开，取鸡蛋清，置于面膜碗中。
❷ 将糯米粉、面粉一同倒入面膜碗中，加适量纯净水搅拌均匀即成。
❸ 洁面后，将调好的面膜涂抹在脸上（避开眼部、唇部四周的肌肤），10~15分钟后用温水洗净即可。

核桃蛋清面膜

适用肤质	使用频率	面膜功效	保存期限
各种肤质	1~3次/周	抗老祛皱	冷藏3天

美容功效 cosmetics effect ▼

这款面膜富含亚油酸、维生素E、B族维生素、矿物质，具有极强的抗衰老能力，能迅速滋养肌肤，有效延缓衰老、淡化皱纹。

材料 ingredients ▼

鸡蛋1个，核桃粉20克，纯净水少许。

工具 tools ▼

面膜碗，面膜棒。

制作方法和使用方法 diy beauty and skin care ▼

❶ 鸡蛋磕开，取鸡蛋清，置于面膜碗中。

❷ 在面膜碗中加入核桃粉、适量纯净水，用面膜棒搅拌均匀即成。

❸ 洁面后，将调好的面膜涂抹在脸上（避开眼部、唇部四周的肌肤），10~15分钟后用温水洗净即可。

珍珠核桃面膜

适用肤质	使用频率	面膜功效	保存期限
各种肤质	1~3 次 / 周	抗老祛皱	冷藏 3 天

美容功效 cosmetics effect ▼

这款面膜具有极强的抗衰老功能，能迅速滋养肌肤，有效延缓衰老。

材料 ingredients ▼

珍珠粉、核桃粉、牛奶各 10 克，蜂蜜 5 克。

工具 tools ▼

面膜碗，面膜棒。

制作方法 diy beauty ▼

❶ 将珍珠粉、核桃粉一同倒在面膜碗中。

❷ 加入蜂蜜、牛奶，用面膜棒搅拌均匀即成。

酵母片乳酪面膜

适用肤质	使用频率	面膜功效	保存期限
各种肤质	1~3 次 / 周	美白抗衰	冷藏 1 天

美容功效 cosmetics effect ▼

这款面膜能够有效延缓肌肤衰老，抵抗氧化对肌肤的伤害，阻止肌肤变黑，令肌肤呈现天然的白皙与嫩滑。

材料 ingredients ▼

酵母片 20 克，乳酪 30 克，纯净水适量。

工具 tools ▼

面膜碗，面膜棒。

制作方法和使用方法 diy beauty and skin care ▼

❶ 在面膜碗中放入酵母片和适量纯净水。

❷ 继续在碗中加入乳酪，用面膜棒搅拌均匀即可。

❸ 洁面后，将调好的面膜涂抹在脸上（避开眼部、唇部四周的肌肤），10 ~ 15 分钟后用温水洗净即可。

核桃
蜂蜜
面膜

适用肤质	使用频率	面膜功效	保存期限
各种肤质	1~2次/周	润泽抗衰	冷藏5天

美容功效 cosmetics effect ▼

这款面膜富含蛋白质、碳水化合物、粗纤维、微量元素和丰富的油脂，能够深层滋润肌肤，补充细胞更新所需的营养，有效淡化细纹、延缓衰老。

材料 ingredients ▼

核桃粉、蜂蜜、面粉各30克，纯净水适量。

工具 tools ▼

面膜碗，面膜棒。

制作方法和使用方法 diy beauty and skin care ▼

❶ 将核桃粉倒入面膜碗中，加入蜂蜜、面粉和适量纯净水。

❷ 用面膜棒充分搅拌均匀，调成轻薄适中的糊状即成。

❸ 洁面后，将调好的面膜涂抹在脸上（避开眼部、唇部四周的肌肤），10～15分钟后用温水洗净即可。

燕窝冰糖面膜

适用肤质	使用频率	面膜功效	保存期限
各种肤质	1~3次/周	美白抗老	立即使用

美容功效 cosmetics effect ▼

这款面膜能刺激肌肤表皮细胞分裂、再生,修复老化、受损肌肤,同时还可美白肌肤。

材料 ingredients ▼

干燕窝5克,面粉、冰糖各10克,纯净水适量。

工具 tools ▼

锅,面膜碗,面膜棒。

制作方法 diy beauty ▼

❶ 燕窝加水、冰糖煮至浓稠,倒入面膜碗中。

❷ 加入面粉、适量纯净水,搅拌均匀即成。

苹果
米酒
面膜

适用肤质	使用频率	面膜功效	保存期限
各种肤质	1~3 次 / 周	美白抗老	冷藏 3 天

美容功效 cosmetics effect ▼

这款面膜含丰富的 B 族维生素，能促进肌肤新陈代谢，延缓衰老，使皮肤变细腻。

材料 ingredients ▼

苹果 50 克，米酒 10 克，燕麦粉 20 克。

工具 tools ▼

搅拌器，面膜碗，面膜棒。

制作方法 diy beauty ▼

❶ 苹果洗净，去核，搅拌成泥。

❷ 将苹果泥、米酒、燕麦粉一同放入面膜碗中，用面膜棒搅拌均匀即成。

猪蹄山楂面膜

适用肤质	使用频率	面膜功效	保存期限
各种肤质	3~5 次 / 周	保湿抗黄	冷藏 5 天

美容功效 cosmetics effect ▼

这款面膜含有极为丰富的胶原蛋白、山楂酸及维生素 C 等美肤营养元素，能改善肌肤细纹、松弛的状况，令肌肤润泽紧致、富有弹性。

材料 ingredients ▼

山楂 15 克，猪蹄 100 克。

工具 tools ▼

锅，瓶子。

制作方法和使用方法 diy beauty and skin care ▼

❶ 山楂洗净，猪蹄刮洗干净。

❷ 将猪蹄、山楂一同入锅，加水炖煮至熟烂。

❸ 撇去浮油，将汤汁置于瓶中，冷藏即成。

❹ 洁面后，将调好的面膜涂抹在脸上（避开眼部、唇部四周的肌肤），10 ~ 15 分钟后用温水洗净即可。

珍珠
蜂王浆
面膜

适用肤质	使用频率	面膜功效	保存期限
各种肤质	1~2 次 / 周	抗老滋养	立即使用

美容功效 cosmetics effect ▼

这款面膜富含营养美肤元素，能促进肌肤的新陈代谢，迅速提升肌肤的弹性，延缓肌肤衰老，淡化细纹，令肌肤润泽柔嫩。

材料 ingredients ▼

鸡蛋 1 个，珍珠粉、蜂王浆各 15 克。

工具 tools ▼

面膜碗，面膜棒。

制作方法和使用方法 diy beauty and skin care ▼

❶ 鸡蛋磕开，置于面膜碗中。

❷ 再加入珍珠粉、蜂王浆，用面膜棒搅拌均匀即成。

❸ 洁面后，将调好的面膜涂抹在脸上（避开眼部、唇部四周的肌肤），10 ～ 15 分钟后用温水洗净即可。

金橘抗老化面膜

适用肤质	使用频率	面膜功效	保存期限
各种肤质	1~2 次／周	抗老祛皱	冷藏 7 天

美容功效 cosmetics effect ▼

滋润肌肤、防止肌肤老化，金橘富含维生素C，可以抗自由基、防老化，特别是对干性肌肤及脸上的小细纹很有效。利用乳酪的蛋白质及酵素，也可以达到去角质、保湿的功效。

材料 ingredients ▼

金橘 50 克，乳酪 3 克，蜂蜜 3 克。

工具 tools ▼

搅拌器，面膜碗，面膜棒。

制作方法和使用方法 diy beauty and skin care ▼

❶ 将金橘切片，放入搅拌器中打成泥。
❷ 将金橘泥倒入面膜碗中，加入乳酪、蜂蜜，一起搅拌均匀即成。
❸ 洁面后，将本款面膜涂在脸上（避开眼部和唇部周围），约 20 分钟后，用清水冲洗干净即可。

珍珠粉麦片

面膜

适用肤质	使用频率	面膜功效	保存期限
各种肤质	2~3 次 / 周	祛皱美白	冷藏 3 天

美容功效 cosmetics effect ▼

珍珠粉能起到抗衰老和美白的作用，让皮肤清爽柔滑，白皙可人。火龙果含有维生素 E 和花青素，它们都具有抗氧化、抗自由基、抗衰老的作用。

材料 ingredients ▼

火龙果 50 克，麦片、珍珠粉各 10 克，水适量。

工具 tools ▼

刀，搅拌器，面膜碗，面膜棒。

制作方法和使用方法 diy beauty and skin care ▼

❶ 将火龙果去皮切块，放入搅拌器打成泥。

❷ 将珍珠粉、火龙果泥倒入面膜碗中，加入麦片和适量水。

❸ 用面膜棒搅拌均匀即成。

❹ 洁面后，将本款面膜涂在脸上（避开眼部和唇部周围），约 20 分钟后，用清水冲洗干净即可。

白酒蛋清面膜

适用肤质	使用频率	面膜功效	保存期限
任何肤质	3~5 次 / 周	延缓衰老	冷藏 1 天

美容功效 cosmetics effect ▼

白酒可以刺激皮肤细胞，促进血液循环，有效修复面部肌肤损伤，增加细胞活力，抗皱祛皱。而蛋清能够迅速滋养皮肤，给肌肤补充水分。

材料 ingredients ▼

白酒 100 克，鲜鸡蛋 3 个。

工具 tools ▼

密封瓶，面膜碗，面膜棒。

制作方法和使用方法 diy beauty and skin care ▼

❶ 鸡蛋磕开，滤取蛋清，打散。

❷ 将蛋清、白酒放入密封瓶中，放置约 25 天。

❸ 将白酒蛋清盛入面膜碗，搅拌均匀即可使用。

❹ 洁面后，将面膜纸浸泡在面膜汁中，令其浸满胀开，取出贴敷在面部，10 ~ 15 分钟后揭下面膜，用温水洗净即可。

维生素 E
面膜

适用肤质	使用频率	面膜功效	保存期限
各种肤质	1~2次/周	滋润抗老	冷藏3天

美容功效 cosmetics effect ▼

维生素E能延缓细胞老化，使皮肤细胞新生能力渐强，皮肤弹性纤维趋于正常。当维生素E缺乏时，女性会出现急速的老化现象，皱纹便出现了。所以补给适当的维生素E，可使肌肤变得柔软，使小皱纹消除。

材料 ingredients ▼

栗子粉30克，玫瑰水30克，维生素E胶囊1粒。

工具 tools ▼

面膜碗，面膜棒。

制作方法和使用方法 diy beauty and skin care ▼

❶ 将栗子粉倒入面膜碗中，加入玫瑰水、维生素E油。

❷ 用面膜棒充分搅拌均匀，调成轻薄适中的糊状即成。

❸ 洁面后，将调好的面膜涂抹在脸上（避开眼部、唇部四周的肌肤），10～15分钟后用温水洗净即可。

淡斑除皱 减压 面膜

适用肤质	使用频率	面膜功效	保存期限
干性肤质	早晚各1次	抗皱祛痘	立即使用

美容功效 cosmetics effect ▼

这款面膜能增进细胞活力,具有美白肌肤、淡化色斑、除皱抗老化、舒缓情绪等功效。

材料 ingredients ▼

鸡蛋1个,维生素E胶囊1粒,玫瑰精油、乳香、柠檬精油、天竺葵精油、胡萝卜子精油各1滴。

工具 tools ▼

面膜碗,面膜棒,面膜纸。

制作方法 diy beauty ▼

① 鸡蛋磕开,滤取蛋黄,置于面膜碗中。

② 在面膜碗中加入维生素E、各种精油,适当搅拌。

③ 在调好的面膜中浸入面膜纸,泡开即成。

芝麻
蛋黄
面膜

适用肤质	使用频率	面膜功效	保存期限
各种肤质	2~3 次 / 周	滋润抗衰	冷藏 7 天

美容功效 cosmetics effect ▼
芝麻富含维生素E、矿物质硒及芝麻素,能够抗氧化、保护细胞的 DNA,防止细胞老化。蛋黄中的卵磷脂能够增强肌肤的保湿功能,滋润肌肤,防止肌肤老化。

材料 ingredients ▼
芝麻粉 50 克,鸡蛋 1 个。

工具 tools ▼
面膜碗,面膜棒。

制作方法和使用方法 diy beauty and skin care ▼
❶ 将鸡蛋磕开,滤取蛋黄,充分打散。
❷ 将芝麻粉倒入面膜碗中,加入蛋黄,用面膜棒搅拌均匀即成。
❸ 洁面后,将调好的面膜涂抹在脸上(避开眼部、唇部四周的肌肤),10 ~ 15 分钟后用温水洗净即可。

龙眼抗老面膜

适用肤质	使用频率	面膜功效	保存期限
干性肤质	1~2 次 / 周	润泽抗老	冷藏 7 天

美容功效 cosmetics effect ▼

龙眼肉含蛋白质、糖,尤其富含铁、锌,铁使面色红润,锌能使皮肤润泽。杏仁与龙眼、蜂蜜相配,美容功效更加显著,可滋润肌肤、防止肌肤老化。

材料 ingredients ▼

杏仁粉 45 克,龙眼 40 克,蜂蜜 100 克。

工具 tools ▼

搅拌器,面膜碗,面膜棒。

制作方法和使用方法 diy beauty and skin care ▼

❶ 将龙眼去壳、核,取净肉放入搅拌器中,搅拌成泥。
❷ 将龙眼泥、杏仁粉倒入面膜碗中,加入蜂蜜,用面膜棒搅拌均匀即成。
❸ 洁面后,将调好的面膜涂抹在脸上(避开眼部、唇部四周的肌肤),10 ~ 15 分钟后用温水洗净即可。

糯米粉
蜂蜜
面膜

适用肤质	使用频率	面膜功效	保存期限
干性肤质	1~2 次 / 周	保湿祛皱	冷藏 7 天

美容功效 cosmetics effect ▼
这款面膜富含葡萄糖、维生素、矿物质等，能有效润泽肌肤、展平皱纹，令肌肤富有弹性。

材料 ingredients ▼
糯米粉 10 克，蜂蜜 20 克。

工具 tools ▼
面膜碗，面膜棒。

制作方法 diy beauty ▼
将糯米粉、蜂蜜放入面膜碗中，用面膜棒搅拌成均匀的糊状即成。

火龙果 枸杞 面膜

适用肤质	使用频率	面膜功效	保存期限
油性肤质	2~3 次 / 周	美白抗敏	冷藏 3 天

美容功效 cosmetics effect ▼
这款面膜含丰富的维生素 C 及花青素，能有效清除
氧自由基对肌肤的伤害。

材料 ingredients ▼
火龙果 1 个，枸杞 20 克，面粉 15 克，纯净水适量。

工具 tools ▼
捣蒜器，面膜碗，面膜棒。

制作方法 diy beauty ▼
❶ 火龙果切开，取果肉，捣成泥状。
❷ 枸杞洗净，开水泡软，捣成泥状。
❸ 将火龙果泥、枸杞泥、面粉、适量纯净水一同倒
入面膜碗中，搅拌均匀即成。

提子
活肤
面膜

适用肤质	使用频率	面膜功效	保存期限
各种肤质	1~2次/周	活肤抗衰	冷藏3天

美容功效 cosmetics effect ▼

提子富含维生素C及维生素E，可为皮肤提供抗氧化保护，有效对抗游离基，减轻皮肤受外来环境的侵袭，可延缓皮肤的衰老。

材料 ingredients ▼

鲜提子10粒。

工具 tools ▼

捣蒜器，面膜碗，面膜棒。

制作方法和使用方法 diy beauty and skin care ▼

❶ 将洗净的提子整颗连核捣烂，盛入碗中拌匀即可。

❷ 洁面后，将调好的面膜涂抹在脸上（避开眼部、唇部四周的肌肤），10～15分钟后用温水洗净即可。

适用肤质	使用频率	面膜功效	保存期限
各种肤质	1~3 次 / 周	抗老淡斑	冷藏 3 天

美容功效 cosmetics effect ▼

这款面膜富含维生素 E、胡萝卜素、维生素 C 等成分，可补充肌肤所需的营养素，能有效延缓肌肤衰老。

材料 ingredients ▼

冬瓜 30 克，核桃粉 20 克，蜂蜜 1 匙，清水适量。

工具 tools ▼

搅拌器，面膜碗，面膜棒。

制作方法和使用方法 diy beauty and skin care ▼

❶ 将冬瓜洗净，去皮切块，放入搅拌器打成泥。

❷ 将冬瓜泥、核桃粉、蜂蜜、清水倒入面膜碗中。

❸ 用面膜棒搅拌均匀即成。

❹ 洁面后，将调好的面膜涂抹在脸上（避开眼部、唇部四周的肌肤），10 ~ 15 分钟后用温水洗净即可。

除皱减压
精油
面膜

适用肤质	使用频率	面膜功效	保存期限
各种肤质	2~3 次 / 周	抗老祛皱	冷藏 1 天

美容功效 cosmetics effect ▼

这款面膜可深层滋润肌肤，增加皮肤组织的活力，令肌肤保持弹性，消除皱纹。

材料 ingredients ▼

甘菊 15 克，维生素 E 胶囊 1 粒，荷荷巴油、玫瑰精油、洋甘菊油、檀香精油各 1 滴。

工具 tools ▼

纱布，面膜碗，面膜棒，面膜纸。

制作方法 diy beauty ▼

① 甘菊洗净，泡开滤水，置于面膜碗中。
② 在面膜碗中加入维生素 E 和各种精油搅拌。
③ 在调好的面膜中浸入面膜纸，泡开即成。

芦荟 优酪乳 面膜

适用肤质	使用频率	面膜功效	保存期限
各种肤质	1~2 次 / 周	细致抗老	冷藏 7 天

美容功效 cosmetics effect ▼

这款面膜富含芦荟素、芦荟苦素、氨基酸、维生素、糖分、矿物质、甾醇类化合物、生物酶等活性物质，对细胞的衰老有明显的延缓效果，能细致皮肤，减少皱纹的产生。

材料 ingredients ▼

芦荟叶 1 片，优酪乳 10 克，蜂蜜 5 克。

工具 tools ▼

搅拌器，面膜碗，面膜棒。

制作方法和使用方法 diy beauty and skin care ▼

① 将芦荟洗净去皮，将肉捣烂，盛入面膜碗。
② 加入蜂蜜和优酪乳。
③ 一起搅拌均匀。
④ 将调好的面膜敷于脸上（避开眼部和唇部周围），10 ~ 15 分钟后取下，再用冷水洗干净即可。

橄榄油柠檬面膜

适用肤质	使用频率	面膜功效	保存期限
各种肤质	1~2 次 / 周	抗老祛皱	冷藏 3 天

美容功效 cosmetics effect ▼

这款面膜富含不饱和脂肪酸和维生素及酚类抗氧化物质，能消除面部皱纹，延缓肌肤衰老。

材料 ingredients ▼

鸡蛋 1 个，柠檬半个，橄榄油 5 克，盐 5 克。

工具 tools ▼

刀，面膜碗，面膜棒。

制作方法和使用方法 diy beauty and skin care ▼

❶ 将鸡蛋磕开打散，柠檬切开挤汁，备用。

❷ 鸡蛋、柠檬汁、盐、橄榄油一同拌匀即成。

❸ 将调好的面膜敷于脸上（避开眼部和唇部周围），10 ~ 15 分钟后取下，再用冷水洗干净即可。

板栗
蜂蜜
面膜

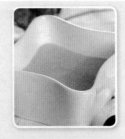

适用肤质	使用频率	面膜功效	保存期限
油性肤质	2~3 次 / 周	祛除皱纹	冷藏 3 天

美容功效 cosmetics effect ▼

这款面膜富含蛋白质、维生素、无机盐等营养，能加快角质代谢速度，延缓衰老。

材料 ingredients ▼

板栗 4 颗，蜂蜜 1 小匙。

工具 tools ▼

面膜碗，面膜棒。

制作方法 diy beauty ▼

❶ 将板栗去壳、膜，蒸熟后捣成泥。

❷ 将板栗泥倒入面膜碗中，加入蜂蜜，用面膜棒调匀即成。

玫瑰精油
面膜

适用肤质	使用频率	面膜功效	保存期限
中性肤质	1~2 次 / 周	紧致抗衰	立即使用

美容功效 cosmetics effect ▼

精油的分子结构小，渗透性极强，它的营养物质能到达肌肤的深层组织，进而增强弹力纤维、胶原纤维活性，延缓肌肤衰老。

材料 ingredients ▼

玫瑰精油 3 滴，鸡蛋 1 个。

工具 tools ▼

面膜碗，面膜棒。

制作方法 diy beauty ▼

❶ 将鸡蛋磕开，滤取蛋清入面膜碗，打散。
❷ 将玫瑰精油滴入蛋清中，搅拌均匀即成。

第七章
收缩毛孔面膜

收缩毛孔面膜能给肌肤带来很好的美容效果，通过深层清洁毛孔中的污垢与多余油脂，并有效软化肌肤表面的老废死皮与角质细胞，去除角质，帮助抑制油脂的过多分泌，有效收缩粗大的毛孔。

白醋黄瓜面膜

适用肤质	使用频率	面膜功效	保存期限
各种肤质	1~2次/周	净化清洁	冷藏3天

美容功效 cosmetics effect ▼

这款面膜富含天然果酸、维生素及水分，能深层清洁肌肤，排除肌肤中的毒素与多余水分，令肌肤紧致细嫩。

材料 ingredients ▼

黄瓜1根，鸡蛋1个，白醋10克。

工具 tools ▼

榨汁机，面膜碗，面膜棒。

制作方法和使用方法 diy beauty and skin care ▼

❶ 将黄瓜洗净切块，放入榨汁机中，榨取汁液。

❷ 将鸡蛋磕开，滤取蛋清，打散。

❸ 将黄瓜汁、蛋清、白醋放入面膜碗中，用面膜棒搅拌均匀即成。

❹ 洁面后，将面膜纸浸泡在面膜汁中，令其浸满胀开，取出贴敷在面部，10～15分钟后揭下面膜，温水洗净即可。

猕猴桃蛋清面膜

适用肤质	使用频率	面膜功效	保存期限
各种肤质	1~2 次 / 周	收缩毛孔	冷藏 2 天

美容功效 cosmetics effect ▼

这款面膜富含维生素 C、天然水分及果酸等营养素，能畅通毛孔，提升肌肤储水能力，帮助收缩粗大的毛孔。

材料 ingredients ▼

猕猴桃 1 个，鸡蛋 1 个，珍珠粉 20 克。

工具 tools ▼

搅拌器，面膜碗，面膜棒。

制作方法和使用方法 diy beauty and skin care ▼

❶ 将猕猴桃洗净去皮，入搅拌器打成泥。

❷ 将鸡蛋磕开，滤取蛋清，打至泡沫状。

❸ 将猕猴桃泥、蛋清、珍珠粉倒入面膜碗中，用面膜棒调匀即成。

❹ 洁面后，将调好的面膜涂抹在脸上（避开眼部、唇部四周的肌肤），10 ~ 15 分钟后用温水洗净即可。

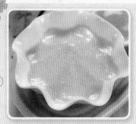

冬瓜蛋黄面膜

适用肤质	使用频率	面膜功效	保存期限
干性肤质	1~2次/周	燃脂紧致	冷藏 3 天

美容功效 cosmetics effect ▼

这款面膜富含甘露醇、卵磷脂等营养素，能促进脸部多余脂肪燃烧，收紧肌肤毛孔，令面部轮廓更加明显。

材料 ingredients ▼

冬瓜 100 克，鸡蛋 1 个。

工具 tools ▼

搅拌器，面膜碗，面膜棒。

制作方法和使用方法 diy beauty and skin care ▼

❶ 将冬瓜洗净，去皮切块，放入搅拌器打成泥。

❷ 将鸡蛋磕开，滤取蛋黄，充分打散。

❸ 将冬瓜泥、蛋黄倒入面膜碗中，用面膜棒搅拌均匀即成。

❹ 洁面后，将调好的面膜涂抹在脸上（避开眼部、唇部四周的肌肤），10 ~ 15 分钟后用温水洗净即可。

椰汁
芦荟
面膜

适用肤质	使用频率	面膜功效	保存期限
各种肤质	1~2次／周	缩小毛孔	冷藏3天

美容功效 cosmetics effect ▾

这款面膜含有大量的维生素、果酸，能收紧粗大的毛孔。

材料 ingredients ▾

芦荟叶1片，椰汁30克，绿豆粉40克。

工具 tools ▾

榨汁机，面膜碗，面膜棒。

制作方法 diy beauty ▾

❶ 芦荟叶去皮洗净，入榨汁机榨取芦荟汁。

❷ 将芦荟汁、椰汁、绿豆粉一同倒在面膜碗中。

❸ 用面膜棒充分搅拌，调和成稀薄适中的糊状即成。

番茄
醪糟
面膜

适用肤质	使用频率	面膜功效	保存期限
各种肤质	1~2次／周	收敛紧肤	冷藏3天

美容功效 cosmetics effect ▼

这款面膜具有良好的收敛、抗老化作用，可令皮肤
细腻紧致。

材料 ingredients ▼

番茄1个，醪糟30克。

工具 tools ▼

搅拌器，面膜碗，面膜棒。

制作方法 diy beauty ▼

❶ 番茄洗净，去皮及蒂，于搅拌器中打成泥。

❷ 将番茄泥、醪糟一同倒入面膜碗中。

❸ 加入少许水，用面膜棒搅拌均匀即成。

柳橙番茄面膜

适用肤质	使用频率	面膜功效	保存期限
各种肤质	1~3 次 / 周	收缩毛孔	冷藏 3 天

美容功效 cosmetics effect ▼

这款面膜含有丰富的果酸及维生素等，能去除毛细孔中过多的油脂，有效帮助收缩粗大的毛孔。

材料 ingredients ▼

番茄 1 个，柳橙 1 个，面粉 20 克。

工具 tools ▼

搅拌器，面膜碗，面膜棒。

制作方法和使用方法 diy beauty and skin care ▼

❶ 番茄洗净，去皮及蒂；柳橙洗净，剥皮。
❷ 将番茄、柳橙一同放入榨汁机榨取果汁。
❸ 将番茄汁、柳橙汁、面粉一同倒在面膜碗中，用面膜棒拌匀即成。
❹ 洁面后，将调好的面膜涂抹在脸上（避开眼部、唇部四周的肌肤），10 ~ 15 分钟后用温水洗净即可。

鸡蛋橄榄油细盐
面膜

适用肤质	使用频率	面膜功效	保存期限
干性肤质	1~2次/周	净化收缩	冷藏3天

美容功效 cosmetics effect ▼

这款面膜富含不饱和脂肪酸、角鲨烯、氨基酸等，具有极高的渗透性，能迅速深层清洁肌肤，起到疏通毛孔、收缩粗大毛孔的功效。

材料 ingredients ▼

橄榄油10克，鸡蛋1个，细盐2大勺。

工具 tools ▼

面膜碗，面膜棒。

制作方法和使用方法 diy beauty and skin care ▼

❶ 将鸡蛋磕开，滤取蛋黄，打散。

❷ 将橄榄油、蛋黄液、盐放入面膜碗中。

❸ 用面膜棒搅拌均匀即成。

❹ 洁面后，将面膜纸浸泡在面膜汁中，令其浸满胀开，取出贴敷在面部，10～15分钟后揭下面膜，用温水洗净即可。

柠檬燕麦蛋清

面膜

适用肤质	使用频率	面膜功效	保存期限
各种肤质	1~2 次 / 周	收缩毛孔	冷藏 1 天

美容功效 cosmetics effect ▼

这款面膜富含果酸、矿物质，能有效洁净肌肤，排除肌肤毒素，收细粗大的毛孔。

材料 ingredients ▼

柠檬 1 个，鸡蛋 1 个，燕麦粉 50 克。

工具 tools ▼

面膜碗，面膜棒。

制作方法 diy beauty ▼

❶ 将柠檬洗净切开，挤汁待用。

❷ 鸡蛋磕开，滤取蛋清，打至泡沫状。

❸ 将柠檬汁、燕麦粉、蛋清倒入面膜碗中，用面膜棒调匀即成。

冬瓜牛奶面膜

适用肤质	使用频率	面膜功效	保存期限
各种肤质	1~2次/周	收缩毛孔	冷藏3天

美容功效 cosmetics effect ▼

这款面膜能抑制油脂的过多分泌，从而有效收缩粗大的毛孔，细致肌肤。

材料 ingredients ▼

冬瓜50克，牛奶30克，面粉30克。

工具 tools ▼

搅拌器，面膜碗，面膜棒。

制作方法和使用方法 diy beauty and skin care ▼

❶ 将冬瓜洗净，去皮切块，放入搅拌器打成泥。

❷ 将冬瓜泥、牛奶、面粉倒入面膜碗中。

❸ 用面膜棒搅拌均匀即成。

❹ 洁面后，将调好的面膜涂抹在脸上（避开眼部、唇部四周的肌肤），10~15分钟后用温水洗净即可。

葡萄柚莲子面膜

适用肤质	使用频率	面膜功效	保存期限
油性肤质	1~3 次 / 周	控油收敛	冷藏 3 天

美容功效 cosmetics effect ▼

这款面膜含有丰富的果酸及维生素等美肤成分，能软化并清除老废角质，收缩毛孔。

材料 ingredients ▼

葡萄柚 50 克，莲子粉、山药粉各 10 克，纯净水适量。

工具 tools ▼

搅拌器，面膜碗，面膜棒。

制作方法 diy beauty ▼

❶ 葡萄柚去皮和子，取果肉，搅拌成泥，置于面膜碗中。
❷ 在面膜碗中加入莲子粉、山药粉、适量纯净水，用面膜棒搅拌均匀即成。

酸奶
玉米粉
面膜

适用肤质	使用频率	面膜功效	保存期限
各种肤质	3~4 次 / 周	清洁紧致	冷藏 3 天

美容功效 cosmetics effect ▼

这款面膜富含乳酸及净化因子，能深层净化肌肤，清除肌肤毛细孔中的油污，收细毛孔，令肌肤紧致细腻。

材料 ingredients ▼

玉米粉 50 克，酸奶 60 克。

工具 tools ▼

面膜碗，面膜棒。

制作方法和使用方法 diy beauty and skin care ▼

❶ 将玉米粉倒入面膜碗中。

❷ 加入酸奶。

❸ 用面膜棒充分搅拌，调成稀薄适中的糊状即成。

❹ 洁面后，将调好的面膜涂抹在脸上（避开眼部、唇部四周的肌肤），10 ~ 15 分钟后用温水洗净即可。

蛋清
面膜

适用肤质	使用频率	面膜功效	保存期限
各种肤质	1~2 次 / 周	收缩毛孔	冷藏 1 天

美容功效 cosmetics effect ▼

这款面膜含有丰富的营养成分，能收紧粗大的毛孔，有效紧致肌肤。

材料 ingredients ▼

鸡蛋 1 个。

工具 tools ▼

面膜碗，面膜棒。

制作方法和使用方法 diy beauty and skin care ▼

❶ 鸡蛋磕开，取鸡蛋清，置于面膜碗中。

❷ 用面膜棒充分搅拌均匀即成。

❸ 洁面后，将调好的面膜涂抹在脸上（避开眼部、唇部四周的肌肤），10 ～ 15 分钟后用温水洗净即可。

牛奶黄豆蜂蜜

面膜

适用肤质	使用频率	面膜功效	保存期限
油性肤质	1~3 次／周	收缩毛孔	冷藏 3 天

美容功效 cosmetics effect ▼

这款面膜能去除毛孔中的杂质，帮助抑制油脂的过多分泌，有效收缩粗大的毛孔。

材料 ingredients ▼

黄豆粉、面粉各 15 克，牛奶、蜂蜜各 10 克。

工具 tools ▼

面膜碗，面膜棒。

制作方法和使用方法 diy beauty and skin care ▼

❶ 在面膜碗中先加入黄豆粉、面粉、牛奶，适当搅拌。

❷ 在面膜碗中加入蜂蜜，继续调匀即成。

❸ 洁面后，将调好的面膜涂抹在脸上（避开眼部、唇部四周的肌肤），10～15 分钟后用温水洗净即可。

214

红薯苹果

面膜

适用肤质	使用频率	面膜功效	保存期限
各种肤质	1~2次/周	细致毛孔	冷藏3天

美容功效 cosmetics effect ▼

这款面膜能有效紧致肌肤，收缩粗大的毛孔，令肌肤变得细腻、清透。

材料 ingredients ▼

红薯1个，苹果半个。

工具 tools ▼

搅拌器，锅，面膜碗，面膜棒。

制作方法 diy beauty ▼

❶ 苹果洗净切块，放入搅拌器搅打成泥。

❷ 红薯洗净去皮，入锅蒸至熟软，捣成泥。

❸ 把苹果泥、红薯泥放入面膜碗中，用面膜棒拌匀即成。

啤酒
面膜

适用肤质	使用频率	面膜功效	保存期限
各种肤质	1~3 次 / 周	收细毛孔	冷藏 3 天

美容功效 cosmetics effect ▼

这款面膜富含活性酶、氨基酸，能促进肌肤的新陈代谢，帮助收细粗大毛孔。

材料 ingredients ▼

啤酒 100 克。

工具 tools ▼

面膜碗，面膜纸。

制作方法和使用方法 diy beauty and skin care ▼

❶ 在面膜碗中倒入啤酒。

❷ 在啤酒中浸入面膜纸，泡开即成。

❸ 洁面后，将泡好的面膜纸敷在脸上（避开眼部、唇部四周的肌肤），10 ~ 15 分钟后用温水洗净即可。

绿茶 蜂蜜 面膜

适用肤质	使用频率	面膜功效	保存期限
各种肤质	1~3 次 / 周	收缩毛孔	冷藏 3 天

美容功效 cosmetics effect ▼

这款面膜含丰富的丹宁、儿茶素，能安抚镇静肌肤，收缩粗大毛孔。

材料 ingredients ▼

绿茶粉 30 克，蜂蜜 10 克，纯净水适量。

工具 tools ▼

面膜碗，面膜棒。

制作方法 diy beauty ▼

❶ 在面膜碗中加入绿茶粉、适量纯净水。
❷ 继续加入蜂蜜，用面膜棒搅拌均匀即成。

佛手瓜 面粉
面膜

适用肤质	使用频率	面膜功效	保存期限
各种肤质	1~2次/周	收缩毛孔	冷藏3天

美容功效 cosmetics effect ▾
这款面膜能深层清洁肌肤，并能紧致肌肤，收缩粗大的肌肤毛孔，令肌肤更细腻。

材料 ingredients ▾
佛手瓜100克，面粉15克。

工具 tools ▾
榨汁机，面膜碗，面膜棒。

制作方法 diy beauty ▾
❶ 佛手瓜洗净，切片，榨汁。
❷ 在面膜碗中加入佛手瓜汁和面粉，用面膜棒搅拌均匀即成。

莴笋酸奶面膜

适用肤质	使用频率	面膜功效	保存期限
各种肤质	1~3 次 / 周	保湿收敛	立即使用

美容功效 cosmetics effect ▼

这款面膜含有丰富的 B 族维生素，具有极佳的净化紧致肌肤的功效，能深层洁净肌肤，收缩粗大的肌肤毛孔，令肌肤变得柔嫩细腻。

材料 ingredients ▼

鸡蛋 1 个，莴笋 50 克，酸奶 15 克。

工具 tools ▼

榨汁机，面膜碗，面膜棒。

制作方法和使用方法 diy beauty and skin care ▼

❶ 莴笋去皮，洗净，榨汁，置于面膜碗中。

❷ 鸡蛋磕开，滤取鸡蛋黄，置于面膜碗中。

❸ 在面膜碗中加入酸奶，用面膜棒搅拌均匀即成。

❹ 洁面后，将调好的面膜涂抹在脸上（避开眼部、唇部四周的肌肤），10 ~ 15 分钟后用温水洗净即可。

苹果
面膜

适用肤质	使用频率	面膜功效	保存期限
各种肤质	1~3 次／周	控油收敛	冷藏 3 天

美容功效 cosmetics effect ▼

这款面膜富含维生素、果酸等滋养成分，能软化肌肤角质层，畅通毛孔，调节肌肤表面的水油平衡。

材料 ingredients ▼

苹果 1 个。

工具 tools ▼

刀。

制作方法和使用方法 diy beauty and skin care ▼

❶ 将苹果洗净，不去皮。

❷ 用刀将洗净的苹果切成极薄的薄片。

❸ 洁面后，将苹果薄片贴敷在脸上（避开眼部、唇部四周的肌肤），15 ～ 20 分钟后用温水洗净即可。

蛋白
柠檬
面膜

适用肤质	使用频率	面膜功效	保存期限
各种肤质	1~2次/周	收缩毛孔	冷藏3天

美容功效 cosmetics effect ▼

这款面膜富含有机酸，能与肌肤表面的碱性物中和，从而去除油脂污垢，收缩毛孔。

材料 ingredients ▼

鸡蛋1个，柠檬汁5克。

工具 tools ▼

锅，面膜碗，面膜棒。

制作方法 diy beauty ▼

❶ 将鸡蛋煮熟，剥取蛋白并捣碎，备用。

❷ 将蛋白放入面膜碗中，加入柠檬汁，用面膜棒拌匀即可。

酸奶小米
红豆
面膜

适用肤质	使用频率	面膜功效	保存期限
油性肤质	1~3 次 / 周	净化收敛	冷藏 5 天

美容功效 cosmetics effect ▼

这款面膜富含各种维生素，可洁净肌肤，同时收敛毛孔，让肌肤细致光滑。

材料 ingredients ▼

酸奶 100 克，小米、红豆各 200 克，抗老精华素 2 滴。

工具 tools ▼

搅拌器，面膜碗，面膜棒。

制作方法 diy beauty ▼

❶ 将红豆、小米浸泡 1 小时左右。

❷ 将泡好的小米、红豆放入搅拌器打成泥。

❸ 将米糊倒入面膜碗中，加入酸奶、精华素，用面膜棒调匀即成。

番茄柠檬面膜

适用肤质	使用频率	面膜功效	保存期限
各种肤质	1~3 次 / 周	平衡水油	冷藏 3 天

美容功效 cosmetics effect ▼

这款面膜富含果酸、柠檬酸，能收缩毛孔，让面部油脂和水分保持平衡。

材料 ingredients ▼

番茄 50 克，柠檬 1 个，面粉 15 克。

工具 tools ▼

搅拌器，面膜碗，面膜棒。

制作方法 diy beauty ▼

❶ 将番茄洗净切块，入搅拌器中打成泥。

❷ 将柠檬切开，挤汁备用。

❸ 将番茄泥、柠檬汁、面粉一同放入面膜碗中，搅拌均匀即成。

223

番茄鸡蛋苹果

面膜

适用肤质	使用频率	面膜功效	保存期限
各种肤质	1~3次/周	收敛毛孔	冷藏2天

美容功效 cosmetics effect ▼

这款面膜富含苹果酸、柠檬酸等弱酸性成分，能使肌肤保持弱酸性，加快肌肤新陈代谢，从而收敛粗大的毛孔。

材料 ingredients ▼

苹果、鸡蛋各1个，番茄30克，玫瑰精油2滴。

工具 tools ▼

搅拌器，面膜碗，面膜棒。

制作方法 diy beauty ▼

❶ 苹果、番茄洗净切块，放入搅拌器中打成泥。

❷ 将果泥倒入面膜碗中，打入整个鸡蛋，加入精油，一起搅拌成糊状即成。

224

杏仁黄豆红薯粉 面膜

适用肤质	使用频率	面膜功效	保存期限
各种肤质	1~2次/周	收缩毛孔	冷藏7天

美容功效 cosmetics effect ▼

这款面膜富含亚油酸、维生素、锌、硒等，可软化并分解肌肤角质、促进肌肤新陈代谢，改善毛孔粗糙等问题。

材料 ingredients ▼

白酒2滴，杏仁粉、黄豆粉各20克，红薯粉10克。

工具 tools ▼

面膜碗，面膜棒。

制作方法和使用方法 diy beauty and skin care ▼

❶ 将杏仁粉、黄豆粉、红薯粉一同倒入面膜碗中。

❷ 加入白酒，用面膜棒充分搅拌，调成轻薄适中的糊状即成。

❸ 洁面后，将调好的面膜涂抹在脸上（避开眼部、唇部四周的肌肤），10~15分钟后用温水洗净即可。

薏米粉蛋清面膜

适用肤质	使用频率	面膜功效	保存期限
各种肤质	1~3次/周	瘦脸紧致	冷藏3天

美容功效 cosmetics effect ▼
这款面膜富含蛋白质、维生素 B_1 等，可瘦脸、收缩毛孔、增加皮肤光泽度，另外对面部粉刺有明显的疗效。

材料 ingredients ▼
薏米粉40克，脱脂奶粉20克，鸡蛋1个，清水适量。

工具 tools ▼
面膜碗，面膜棒。

制作方法和使用方法 diy beauty and skin care ▼
❶ 将鸡蛋磕开，滤取蛋清，充分分散。
❷ 将薏米粉、脱脂奶粉和蛋清一同倒入面膜碗中。
❸ 加入适量水，用面膜棒搅拌均匀即可。
❹ 洁面后，将调好的面膜涂抹在脸上（避开眼部、唇部四周的肌肤），10～15分钟后用温水洗净即可。

橘子蜂蜜面膜

适用肤质	使用频率	面膜功效	保存期限
油性肤质	1~2 次 / 周	收缩毛孔	冷藏 12 天

美容功效 cosmetics effect ▼

这款面膜富含果酸、维生素 C 和有机酸等营养，能促进肌肤细胞新陈代谢，增加皮肤的血液循环，收紧粗大的毛孔，增强肌肤弹性。

材料 ingredients ▼

橘子、蜂蜜各 50 克，酒精 30 克。

工具 tools ▼

搅拌器，面膜碗，面膜棒。

制作方法和使用方法 diy beauty and skin care ▼

❶ 将新鲜的橘子洗净后连皮放入搅拌器中打碎。

❷ 将橘子碎倒入面膜碗中，加入酒精和蜂蜜，密封放置一个星期。

❸ 取出，调匀后即可使用。

❹ 洁面后，将调好的面膜涂抹在脸上（避开眼部、唇部四周的肌肤），10 ~ 15 分钟后用温水洗净即可。

草莓
蜂蜜
面膜

适用肤质	使用频率	面膜功效	保存期限
油性肤质	1~2次/周	活化收敛	冷藏5天

美容功效 cosmetics effect ▼
这款面膜含多种果酸、维生素及矿物质等，能激活
细胞再生，温和地收敛毛孔，让肌肤变得幼滑细嫩。

材料 ingredients ▼
草莓50克，蜂蜜10克，酸奶100克，面粉30克。

工具 tools ▼
搅拌器，面膜碗，面膜棒。

制作方法 diy beauty ▼
❶ 将草莓、蜂蜜一同放入搅拌器中打成泥。
❷ 将酸奶、面粉倒入面膜碗中拌匀。
❸ 将果泥加入碗中，边加边拌，调匀即可。

啤酒精油面膜

适用肤质	使用频率	面膜功效	保存期限
油性肤质	1~2次／周	收缩毛孔	冷藏1周

美容功效 cosmetics effect ▼

啤酒中富含酵素和蛇麻子，能促进血液循环，滋养肌肤，对缩小毛孔有奇效，可令人皮肤光滑光彩，有弹性。

材料 ingredients ▼

啤酒50克，茶树精油、薄荷精油各1滴。

工具 tools ▼

面膜碗，面膜纸。

制作方法和使用方法 diy beauty and skin care ▼

❶ 将啤酒倒入面膜碗中，滴入茶树精油，薄荷精油。

❷ 将面膜纸放入面膜碗中，浸泡约3分钟。

❸ 洁面后，用热毛巾敷脸3～5分钟，再将泡好的面膜纸取出贴敷在面部，10～15分钟后揭下面膜，温水洗净即可。

食盐蛋白面膜

适用肤质	使用频率	面膜功效	保存期限
油性肤质	1~3 次 / 周	收敛消炎	冷藏 5 天

美容功效 cosmetics effect ▼

蛋白具消炎兼收敛功效，可抑制皮脂分泌，改善粗大毛孔和粗糙肤质，使皮肤白皙、细腻。

材料 ingredients ▼

鸡蛋 1 个，食盐 5 克，蜂蜜适量。

工具 tools ▼

锅，面膜碗，面膜棒。

制作方法 diy beauty ▼

❶ 将鸡蛋放入锅中煮熟，剥取蛋白，捣碎。

❷ 将蛋白、食盐、蜂蜜倒入面膜碗中，用面膜棒搅拌均匀即可。

第八章
瘦脸紧肤面膜

瘦脸紧肤面膜从功效上可以分为两个方向，一个方向是通过燃烧脂肪来紧致肌肤，另一个方向是通过去除肌肤多余水分，消除水肿来瘦脸紧致。这两种功效的面膜都能提升毛孔中心收缩力，帮助紧致肌肤。

红薯泥
面膜

适用肤质	使用频率	面膜功效	保存期限
各种肤质	3~5 次 / 周	紧致瘦脸	冷藏 5 天

美容功效 cosmetics effect ▼

这款面膜能软化并清除肌肤表面的老废角质,有效改善面部浮肿问题,帮助瘦脸,令肌肤变得清透紧致。

材料 ingredients ▼

红薯 1 个。

工具 tools ▼

锅,面膜碗,面膜棒。

制作方法和使用方法 diy beauty and skin care ▼

❶ 将红薯洗净,去皮切块,入锅蒸至熟软,取出放至温凉。

❷ 将温热的红薯放入面膜碗中,用面膜棒捣成泥状即成。

❸ 洁面后,将调好的面膜涂抹在脸上(避开眼部、唇部四周的肌肤),10 ~ 15分钟后用温水洗净即可。

蛋黄橄榄油 面膜

适用肤质	使用频率	面膜功效	保存期限
干性肤质	3~5 次 / 周	紧致瘦脸	冷藏 3 天

美容功效 cosmetics effect ▼

这款面膜含丰富的脂溶性维生素、不饱和脂肪酸，能滋润、紧致肌肤，可谓是最简单有效的护肤圣品。

材料 ingredients ▼

鸡蛋 1 个，橄榄油 10 克。

工具 tools ▼

面膜碗，面膜棒。

制作方法和使用方法 diy beauty and skin care ▼

❶ 鸡蛋磕开，取蛋黄，适当搅拌。

❷ 将橄榄油、蛋黄汁液倒入面膜碗中，用面膜棒搅拌均匀即成。

❸ 洁面后，将调好的面膜涂抹在脸上（避开眼部、唇部四周的肌肤），10 ~ 15 分钟后用温水洗净即可。

胡萝卜
甘油
面膜

适用肤质	使用频率	面膜功效	保存期限
油性肤质	1~2次/周	紧致瘦脸	冷藏5天

美容功效 cosmetics effect ▼

这款面膜有促进淋巴循环、消除脸部浮肿、收敛紧实肌肤的功效。

材料 ingredients ▼

胡萝卜汁100克，甘油10克，保湿萃取液10克。

工具 tools ▼

面膜碗，面膜棒。

制作方法和使用方法 diy beauty and skin care ▼

❶ 在面膜碗中加入胡萝卜汁、甘油、保湿萃取液蒂，用面膜棒搅拌均匀即成。

❷ 洁面后，将调好的面膜涂抹在脸上（避开眼部、唇部四周的肌肤），10～15分钟后用温水洗净即可。

葡萄木瓜红酒面膜

适用肤质	使用频率	面膜功效	保存期限
各种肤质	1~2次/周	滋润瘦脸	冷藏3天

美容功效 cosmetics effect ▼

这款面膜含维生素 B_3 及丰富矿物质，可消除脸部浮肿、深层滋润肌肤及促进皮肤细胞再生。

材料 ingredients ▼

巨峰葡萄100克，木瓜膏20克，红酒2滴。

工具 tools ▼

搅拌器，面膜碗，面膜棒。

制作方法和使用方法 diy beauty and skin care ▼

❶ 葡萄搅拌成泥，加红酒，置于面膜碗中。

❷ 继续加入木瓜膏，用面膜棒搅拌均匀即成。

❸ 洁面后，将调好的面膜涂抹在脸上（避开眼部、唇部四周的肌肤），10～15分钟后用温水洗净即可。

芹菜汁
面膜

适用肤质	使用频率	面膜功效	保存期限
油性／混合性	2~3 次／周	滋润瘦脸	立即使用

美容功效 cosmetics effect ▼

这款面膜含有肌肤所需的营养元素，能排除面部多余的水分，紧致滋润肌肤。

材料 ingredients ▼

芹菜 100 克。

工具 tools ▼

榨汁机，面膜碗，面膜棒，面膜纸。

制作方法 diy beauty ▼

❶ 芹菜洗净切段，榨取汁液，倒入面膜碗中，适当搅拌。

❷ 在芹菜汁中浸入面膜纸，泡开即成。

绿茶橘皮粉面膜

适用肤质	使用频率	面膜功效	保存期限
各种肤质	1~2次/周	紧致瘦脸	冷藏3天

美容功效 cosmetics effect ▼

这款面膜含丰富的燃脂消肿因子，能促进肌肤的水分代谢，令肌肤变得更细腻紧致。

材料 ingredients ▼

鸡蛋1个，绿茶粉、橘皮粉各10克。

工具 tools ▼

面膜碗，面膜棒。

制作方法 diy beauty ▼

❶ 鸡蛋磕开，取鸡蛋清。

❷ 将蛋清、绿茶粉、橘皮粉一同倒入面膜碗中，用面膜棒搅拌均匀即成。

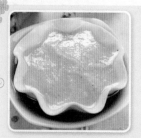

椰子冬瓜薏米
面膜

适用肤质	使用频率	面膜功效	保存期限
各种肤质	1~2次/周	净化活颜	冷藏3天

美容功效 cosmetics effect ▼

冬瓜性寒凉、味甘淡，果肉及果瓤中含有丰富的甘露醇、葫芦素β、维生素C及维生素E等美肤营养成分，具有极佳的清凉排毒、净白肌肤的功效，能有效改善暗沉、色斑、痤疮等多种肌肤问题，令肌肤变得白皙清透。

材料 ingredients ▼

冬瓜30克，椰汁20克，薏米粉20克。

工具 tools ▼

搅拌器，面膜碗，面膜棒。

制作方法 diy beauty ▼

❶ 冬瓜洗净，去皮、子，切块，搅拌成泥。
❷ 将冬瓜泥、薏米粉、椰汁倒入面膜碗中。
❸ 用面膜棒搅拌均匀即成。

薏米粉黄瓜 面膜

适用肤质	使用频率	面膜功效	保存期限
各种肤质	1~2 次 / 周	利水消肿	冷藏 3 天

美容功效 cosmetics effect ▼

这款面膜性质温和，营养丰富，是纯天然的美容瘦身良方，能够有效促进肌肤新陈代谢，消除水肿。

材料 ingredients ▼

黄瓜 1 根，薏米粉 10 克，纯净水适量。

工具 tools ▼

搅拌器，面膜碗，面膜棒。

制作方法和使用方法 diy beauty and skin care ▼

❶ 黄瓜洗净切块，放入搅拌器打成泥状。

❷ 将黄瓜泥、薏米粉放入面膜碗中，加入适量纯净水，用面膜棒搅拌均匀即成。

❸ 洁面后，将调好的面膜涂抹在脸上（避开眼部、唇部四周的肌肤），10 ~ 15 分钟后用温水洗净即可。

苏打水
面膜

适用肤质	使用频率	面膜功效	保存期限
各种肤质	1~2次/周	收敛瘦脸	立即使用

美容功效 cosmetics effect ▼

这款面膜中的营养成分能渗透到皮下，进入细胞内液和外液，让细胞变得通透有活力，从而起到收敛瘦脸的功效。

材料 ingredients ▼

苏打粉20克，热水10克。

工具 tools ▼

面膜碗，面膜棒，面膜纸。

制作方法和使用方法 diy beauty and skin care ▼

❶ 将苏打粉倒入面膜碗中，加入热水，用面膜棒充分搅拌至苏打粉全部溶解。

❷ 在调好的面膜中浸入面膜纸，泡开即成。

❸ 洁面后，取出浸泡好的面膜纸，敷在脸上（避开眼部、唇部四周的肌肤），压平，静敷10～15分钟后揭去面膜纸，用温水洗净即可。

猕猴桃双粉

面膜

适用肤质	使用频率	面膜功效	保存期限
各种肤质	1~3 次 / 周	紧致瘦脸	冷藏 5 天

美容功效 cosmetics effect ▼

这款面膜能促进肌肤的新陈代谢，有效改善肌肤浮肿现象，令肌肤紧致细腻。

材料 ingredients ▼

猕猴桃 1 个，绿豆粉、玉米粉各 20 克。

工具 tools ▼

搅拌器，面膜碗，面膜棒。

制作方法 diy beauty ▼

❶ 猕猴桃洗净去皮，入搅拌器打成泥。

❷ 将猕猴桃泥、绿豆粉、玉米粉倒入面膜碗中，加适量水，用面膜棒搅拌均匀即成。

绿茶
紧肤
面膜

适用肤质	使用频率	面膜功效	保存期限
各种肤质	1~2次/周	紧致肌肤	冷藏3天

美容功效 cosmetics effect ▾

这款面膜能使肌肤更紧实而有弹性。利用绿茶美容又天然又便宜。

材料 ingredients ▾

绿茶粉30克，鸡蛋1个，面粉50克。

工具 tools ▾

搅拌器，面膜碗，面膜棒。

制作方法 diy beauty ▾

❶ 鸡蛋磕开，取蛋黄，放入面膜碗中。

❷ 在面膜碗中加入面粉、绿茶粉，用面膜棒搅拌均匀即成。

苦瓜消脂面膜

适用肤质	使用频率	面膜功效	保存期限
各种肤质	1~2次／周	消脂瘦脸	冷藏3天

美容功效 cosmetics effect ▼

这款面膜含有贵如黄金的减肥特效成分——高能清脂素，能使摄取的脂肪和多糖减少40%～60%，消脂瘦脸。

材料 ingredients ▼

苦瓜100克。

工具 tools ▼

搅拌器，面膜碗，面膜棒。

制作方法和使用方法 diy beauty and skin care ▼

❶ 将苦瓜洗净切块，放入搅拌器中搅拌成泥。

❷ 倒入面膜碗中，用面膜棒适当搅拌即成。

❸ 洁面后，将调好的面膜涂抹在脸上（避开眼部、唇部四周的肌肤），10～15分钟后用温水洗净即可。

咖啡蛋清
杏仁

适用肤质	使用频率	面膜功效	保存期限
各种肤质	1~2次/周	紧致瘦脸	冷藏3天

美容功效 cosmetics effect ▼

这款面膜富含丰富的燃脂消肿因子，同时含有紧致肌肤的成分，能有效消除面部多余的水分，起到良好的燃脂瘦脸作用。

材料 ingredients ▼

鸡蛋1个，咖啡5克，杏仁粉、面粉各15克，纯净水适量。

工具 tools ▼

面膜碗，面膜棒。

制作方法和使用方法 diy beauty and skin care ▼

❶ 鸡蛋磕开，取鸡蛋清，置于面膜碗中。

❷ 将咖啡、杏仁粉、面粉一同倒入面膜碗中，加适量纯净水，用面膜棒搅拌均匀即成。

❸ 洁面后，将调好的面膜涂抹在脸上（避开眼部、唇部四周的肌肤），10～15分钟后用温水洗净即可。

薏米冬瓜仁面膜

适用肤质	使用频率	面膜功效	保存期限
各种肤质	1~2 次 / 周	消肿瘦脸	冷藏 5 天

美容功效 cosmetics effect ▼

这款面膜富含蛋白质、甘露醇、葫芦素 β 等营养素，能够加速肌肤新陈代谢，消除脸部多余的水分，帮助紧致肌肤。

材料 ingredients ▼

薏米粉 30 克，冬瓜仁粉 20 克，纯净水适量。

工具 tools ▼

面膜碗，面膜棒。

制作方法和使用方法 diy beauty and skin care ▼

❶ 将薏米粉、冬瓜仁粉一同倒入面膜碗中。

❷ 加入适量纯净水。

❸ 用面膜棒充分搅拌，调成均匀的糊状即成。

❹ 洁面后，将调好的面膜涂抹在脸上（避开眼部、唇部四周的肌肤），10 ~ 15 分钟后用温水洗净即可。

荷叶
排水
面膜

适用肤质	使用频率	面膜功效	保存期限
各种肤质	1~2次/周	紧致瘦脸	冷藏3天

美容功效 cosmetics effect ▼

这款面膜含丰富的单宁酸和类黄酮素，能发挥紧肤作用，促进淋巴循环。

材料 ingredients ▼

荷叶100克，薏米粉30克，纯净水适量。

工具 tools ▼

锅，面膜碗，面膜棒，纱布。

制作方法和使用方法 diy beauty and skin care ▼

❶ 荷叶泡水，入锅煮水，在纱布滤水。

❷ 加入薏米粉，用面膜棒搅拌均匀即成。

❸ 用温水洁面后，将调好的面膜涂抹在脸上（避开眼部、唇部四周的肌肤），10～15分钟后用温水洗净即可。

红茶
去脂
面膜

适用肤质	使用频率	面膜功效	保存期限
各种肤质	1~2次／周	燃脂瘦脸	冷藏3天

美容功效 cosmetics effect ▼

茶叶的一些有效成分会减掉脸部多余的脂肪。红茶中的茶多酚含有抗衰老成分，经常使用有助减少面部小皱纹及令皮肤变得滋润，与面粉一起使用，可减轻皱纹、去脂瘦脸，对抗衰老有良效。

材料 ingredients ▼

红茶叶10克，面粉20克。

工具 tools ▼

锅，纱布，面膜碗，面膜棒。

制作方法和使用方法 diy beauty and skin care ▼

❶ 将红茶叶入锅，加水煎煮，滤取茶水入面膜碗。

❷ 在面膜碗中加入面粉，用面膜棒搅拌均匀即成。

❸ 用温水洁面后，将调好的面膜涂抹在脸上（避开眼部、唇部四周的肌肤），10~15分钟后用温水洗净即可。

绿茶
去脂
面膜

适用肤质	使用频率	面膜功效	保存期限
油性肤质	1~2 次 / 周	去脂瘦脸	冷藏 3 天

美容功效 cosmetics effect ▼

这款面膜能减掉脸部多余的脂肪，与面粉一起使用可减轻皱纹，去脂瘦脸。

材料 ingredients ▼

绿茶叶 1 大匙，红糖 1 大匙，面粉 2 大匙。

工具 tools ▼

锅，面膜碗，面膜棒。

制作方法 diy beauty ▼

❶ 将绿茶叶加水煎煮，滤取茶水。

❷ 将红糖、面粉加入茶汤中，用面膜棒搅拌均匀即可。

芦荟
木瓜
面膜

适用肤质	使用频率	面膜功效	保存期限
各种肤质	1~2次/周	消肿瘦脸	冷藏3天

美容功效 cosmetics effect ▼

这款面膜不仅有消水肿的功能，且能促进肌肤代谢，溶解毛孔中的皮脂，消肿瘦脸。

材料 ingredients ▼

木瓜20克，蜂蜜15克，纯牛奶50克，芦荟精华霜2克。

工具 tools ▼

搅拌器，面膜碗，面膜棒。

制作方法 diy beauty ▼

❶ 将木瓜切成片状，搅拌成泥放入面膜碗，加入蜂蜜。
❷ 加入纯牛奶和芦荟精华霜，拌匀即成。

杏仁桃子蜂蜜

面膜

适用肤质	使用频率	面膜功效	保存期限
各种肤质	2~3 次 / 周	紧肤瘦脸	冷藏 3 天

美容功效 cosmetics effect ▼

这款面膜含大量 B 族维生素，能促进血液循环，紧致肌肤，且能使面部肤色红润。

材料 ingredients ▼

桃子 20 克，杏仁 10 克，蜂蜜 5 克，鸡蛋 1 个。

工具 tools ▼

搅拌器，面膜碗，面膜棒。

制作方法 diy beauty ▼

❶ 桃子、杏仁分别切片，入搅拌器搅拌成泥，加入蜂蜜。

❷ 加入鸡蛋，用面膜棒一起搅拌均匀。

绿豆粉酸奶面膜

适用肤质	使用频率	面膜功效	保存期限
各种肤质	1~2 次 / 周	燃脂瘦脸	冷藏 2 天

美容功效 cosmetics effect ▼

这款面膜富含叶酸、乳酸菌等燃脂因子，能促进肌肤内脂肪燃烧，排除肌肤中的毒素与多余水分，有效紧致肌肤。

材料 ingredients ▼

绿豆粉 30 克，酸奶 40 克。

工具 tools ▼

面膜碗，面膜棒。

制作方法和使用方法 diy beauty and skin care ▼

❶ 将绿豆粉、酸奶倒入面膜碗中。

❷ 用面膜棒充分搅拌，调成均匀的糊状，即成。

❸ 洁面后，将调好的面膜涂抹在脸上（避开眼部、唇部四周的肌肤），10 ～ 15 分钟后用温水洗净即可。

荷薏
消肿排毒
面膜

适用肤质	使用频率	面膜功效	保存期限
各种肤质	1~2 次 / 周	排毒瘦脸	冷藏 1 天

美容功效 cosmetics effect ▼

这款面膜含丰富的酒石酸、草酸、琥珀酸等美容成分，能净化肌肤、消除脸部多余的水分，帮助紧致肌肤，有良好的消肿瘦脸功效。

材料 ingredients ▼

干荷叶 10 克，薏米粉 15 克。

工具 tools ▼

锅，纱布，面膜碗，面膜棒。

制作方法和使用方法 diy beauty and skin care ▼

❶ 荷叶洗净，煮水，用纱布滤水。

❷ 将荷叶水、薏米粉一同加入面膜碗中，用面膜棒搅拌均匀即成。

❸ 洁面后，将调好的面膜涂抹在脸上（避开眼部、唇部四周的肌肤），10 ～ 15 分钟后用温水洗净即可。

第九章
深层清洁面膜

　　清洁面膜的主要功能是对整个面板的清洁保养，这类面膜中含有极为丰富的净化因子，能深层净化肌肤，软化并清除肌肤表面的老废角质，去除肌肤毛细孔中的油腻与杂质，令肌肤清透白皙，水泽无暇。

番茄蜂蜜面粉

面膜

适用肤质	使用频率	面膜功效	保存期限
各种肤质	1~3 次 / 周	深层清洁	冷藏 3 天

美容功效 cosmetics effect ▼

这款面膜富含胡萝卜素、番茄红素等营养成分，有天然的洁肤功效，能深层洁净肌肤，清除肌肤上的角质与污垢。

材料 ingredients ▼

番茄 1 个，蜂蜜 1 匙，面粉。

工具 tools ▼

捣蒜器，面膜碗，面膜棒。

制作方法 diy beauty ▼

❶ 番茄洗净，去皮及蒂，切块，放入捣蒜器捣成泥。
❷ 将番茄泥倒入面膜碗中，加入蜂蜜，用面膜棒搅拌均匀即成。

银耳
爽肤
面膜

适用肤质	使用频率	面膜功效	保存期限
各种肤质	2~3 次 / 周	滋润清洁	冷藏 3 天

美容功效 cosmetics effect ▼

这款面膜能深层清洁肌肤，调节肌肤表面水油平衡，令肌肤变得润泽清透。

材料 ingredients ▼

银耳 20 克，苹果醋 10 克。

工具 tools ▼

锅，纱布，面膜碗，面膜棒，面膜纸。

制作方法 diy beauty ▼

❶ 银耳泡发，煮稠，用纱布滤水，凉凉。
❷ 在碗中加入银耳水、苹果醋，充分搅拌。
❸ 在调好的面膜中浸入面膜纸，泡开即成。

红酒
细盐
面膜

适用肤质	使用频率	面膜功效	保存期限
油性肤质	1~2 次 / 周	净化清洁	冷藏 3 天

美容功效 cosmetics effect ▼
这款面膜富含酒石酸、红酒多酚等净化亮白因子，能深层清洁肌肤，提亮肤色。

材料 ingredients ▼
红酒 50 克，醋 5 克，盐 2 克，蜂蜜 1 匙。

工具 tools ▼
面膜碗，面膜棒，面膜纸。

制作方法和使用方法 diy beauty and skin care ▼
❶ 将醋、盐一同置于面膜碗中，搅拌调和。
❷ 接着再加入红酒与蜂蜜，用面膜棒充分搅拌，放入面膜纸泡开即成。
❸ 洁面后，将泡好的面膜纸敷在脸上（避开眼部、唇部四周的肌肤），10 ~ 15 分钟后用温水洗净即可

丹参栀子面膜

适用肤质	使用频率	面膜功效	保存期限
各种肤质	1~2次/周	清洁美白	冷藏1天

美容功效 cosmetics effect ▼

这款面膜能清除肌肤表面的老废角质与毛孔中的油脂及杂质，令肌肤白皙、润泽。

材料 ingredients ▼

丹参、栀子各15克，蜂蜜、面粉各10克。

工具 tools ▼

锅，纱布，面膜碗，面膜棒。

制作方法 diy beauty ▼

❶ 将丹参和栀子洗净，浸泡，煮水，滤水。
❷ 将药水、蜂蜜、面粉一同加入面膜碗中，用面膜棒搅拌均匀即成。

柠檬
酸奶
面膜

适用肤质	使用频率	面膜功效	保存期限
油性肤质	1~2 次 / 周	清洁净化	冷藏 3 天

美容功效 cosmetics effect ▼

这款面膜含有高级脂肪及蛋白质，能有效清洁净化肌肤，令肌肤干净无瑕。

材料 ingredients ▼

柠檬 1 个，酸奶 10 克，面粉 5 克。

工具 tools ▼

榨汁机，面膜碗，面膜棒。

制作方法 diy beauty ▼

❶ 柠檬洗净榨汁，倒入面膜碗中。
❷ 在面膜碗中加入面粉、酸奶，用面膜棒搅拌均匀即成。

红豆蛋黄面膜

适用肤质	使用频率	面膜功效	保存期限
各种肤质	1~2 次 / 周	清洁滋养	冷藏 3 天

美容功效 cosmetics effect ▼

这款面膜富含营养及净化因子，能深层清洁肌肤，清除肌肤毛细孔中的污垢与杂质，补充肌肤所需的水分与营养，让肌肤润泽柔嫩。

材料 ingredients ▼

西瓜 20 克，红豆 60 克，鸡蛋 1 个。

工具 tools ▼

搅拌器，面膜碗，面膜棒。

制作方法和使用方法 diy beauty and skin care ▼

❶ 西瓜果肉切小块，红豆浸泡 1 个小时。

❷ 将西瓜果肉与红豆放入搅拌器中打成泥状。

❸ 取鸡蛋黄，与西瓜泥、红豆泥一同倒在面膜碗中，用面膜棒搅拌调匀即成。

❹ 洁面后，将调好的面膜涂抹在脸上（避开眼部、唇部四周的肌肤），10 ~ 15 分钟后用温水洗净即可。

花粉蛋黄柠檬

面膜

适用肤质	使用频率	面膜功效	保存期限
各种肤质	1~2 次 / 周	净化清洁	冷藏 3 天

美容功效 cosmetics effect ▼

这款面膜能深层清除肌肤，并有效去除毛孔中的污垢，同时还能补充肌肤细胞更新所需营养，令肌肤润泽细腻。

材料 ingredients ▼

柠檬、鸡蛋各 1 个，花粉、面粉各 10 克。

工具 tools ▼

榨汁机，面膜碗，面膜棒。

制作方法和使用方法 diy beauty and skin care ▼

❶ 柠檬洗净榨汁，倒入面膜碗中。

❷ 鸡蛋磕开，取鸡蛋黄，加入花粉、面粉，用面膜棒搅拌均匀即成。

❸ 洁面后，将调好的面膜涂抹在脸上（避开眼部、唇部四周的肌肤），10 ~ 15 分钟后用温水洗净即可。

香蕉 荸荠 面膜

适用肤质	使用频率	面膜功效	保存期限
各种肤质	1~2次/周	清洁净化	立即使用

美容功效 cosmetics effect ▼
这款面膜能软化表皮，清除肌肤表面的老废角质，充分畅通毛细孔。

材料 ingredients ▼
荸荠3个，香蕉半根，橄榄油20克。

工具 tools ▼
搅拌器，面膜碗，面膜棒。

制作方法 diy beauty ▼
❶荸荠洗净去皮，香蕉去皮，搅拌成泥。
❷将荸荠泥、香蕉泥、橄榄油一同置于面膜碗中，用面膜棒搅拌均匀即成。

绿豆
白芷
面膜

适用肤质	使用频率	面膜功效	保存期限
各种肤质	1~2 次 / 周	深层清洁	冷藏 3 天

美容功效 cosmetics effect ▼

这款面膜含有丰富的净化修复因子，能深层净化肌肤毛细孔，令肌肤清透无瑕。

材料 ingredients ▼

绿豆粉 30 克，白芷粉 20 克，蜂蜜 10 克。

工具 tools ▼

面膜碗，面膜棒。

制作方法 diy beauty ▼

❶ 将绿豆粉、白芷粉一同倒在面膜碗中。
❷ 加入蜂蜜和清水，用面膜棒充分搅拌，调和成稀薄适中的面膜糊状即成。

红糖
牛奶
面膜

适用肤质	使用频率	面膜功效	保存期限
各种肤质	1~2次 / 周	去除角质	冷藏 3 天

美容功效 cosmetics effect ▼

这款面膜具有极佳的磨砂去角质功效，帮助彻底净化肌肤，软化角质。

材料 ingredients ▼

红糖 50 克，鲜牛奶 50 克。

工具 tools ▼

面膜碗，面膜棒。

制作方法和使用方法 diy beauty and skin care ▼

❶ 红糖加入开水，搅拌至溶化，放凉。

❷ 将放凉的糖水倒入面膜碗中，加入鲜牛奶，用面膜棒搅拌均匀即成。

❸ 洁面后，将调好的面膜涂抹在脸上（避开眼部、唇部四周的肌肤），10 ~ 15分钟后用温水洗净即可。

番茄
蛋清
面膜

适用肤质	使用频率	面膜功效	保存期限
油性肤质	1~2 次 / 周	深层清洁	冷藏 3 天

美容功效 cosmetics effect ▼

这款面膜能深层净化肌肤，畅通、收缩毛孔，令肌肤细腻光滑。

材料 ingredients ▼

番茄 1 个，鸡蛋 1 个，珍珠粉 20 克。

工具 tools ▼

搅拌器，面膜碗，面膜棒。

制作方法 diy beauty ▼

❶ 番茄洗净去皮、蒂，榨汁，置于面膜碗中。

❷ 鸡蛋磕开，滤取蛋清。

❸ 继续加入蛋清、珍珠粉，用面膜棒拌匀即成。

柳橙酸奶面膜

适用肤质	使用频率	面膜功效	保存期限
各种肤质	1~3次/周	深层清洁	冷藏3天

美容功效 cosmetics effect ▼

这款面膜含氨基丁酸、花青素，能深层清洁肌肤，令肌肤清透无瑕。

材料 ingredients ▼

柳橙1个，酸奶、面粉各10克，纯净水适量。

工具 tools ▼

榨汁机，面膜碗，面膜棒。

制作方法和使用方法 diy beauty and skin care ▼

❶柳橙洗净，榨取汁液，倒入面膜碗中。

❷加入酸奶、面粉、适量纯净水，用面膜棒搅拌均匀即成。

❸洁面后，将调好的面膜涂抹在脸上（避开眼部、唇部四周的肌肤），10~15分钟后用温水洗净即可。

胡萝卜
玉米粉

面膜

适用肤质	使用频率	面膜功效	保存期限
各种肤质	1~2 次 / 周	净化肌肤	冷藏 3 天

美容功效 cosmetics effect ▼

这款面膜富含胡萝卜素和清洁颗粒，能温和去除角质，深层洁净肌肤。

材料 ingredients ▼

胡萝卜半根，玉米粉 10 克。

工具 tools ▼

搅拌器，面膜碗，面膜棒。

制作方法 diy beauty ▼

❶ 将胡萝卜洗净去皮，放入搅拌器搅打成泥。
❷ 将胡萝卜泥倒入面膜碗中，加入玉米粉，用面膜棒调成糊状即成。

柠檬 蛋黄 面膜

适用肤质	使用频率	面膜功效	保存期限
各种肤质	1~3 次 / 周	净化清洁	冷藏 1 天

美容功效 cosmetics effect ▼

这款面膜由柠檬、鸡蛋等材料制成，含有丰富的美肤元素，能清洁肌肤毛孔中的污垢，去除肌肤表面角质。

材料 ingredients ▼

柠檬、鸡蛋各 1 个，奶粉 15 克。

工具 tools ▼

榨汁机，面膜碗，面膜棒。

制作方法和使用方法 diy beauty and skin care ▼

❶ 柠檬洗净切片，放入榨汁机中榨取汁液，倒入面膜碗中。

❷ 取蛋黄，与柠檬汁、奶粉一同倒入面膜碗中，用面膜棒搅拌均匀即成。

❸ 洁面后，将调好的面膜涂抹在脸上（避开眼部、唇部四周的肌肤），10 ~ 15 分钟后用温水洗净即可。

菠萝
苹果
面膜

适用肤质	使用频率	面膜功效	保存期限
各种肤质	1~2 次 / 周	清洁净化	冷藏 3 天

美容功效 cosmetics effect ▼

这款面膜含有丰富的维生素、亚油酸及果酸等有效成分，能深层净化肌肤。

材料 ingredients ▼

苹果 1 个，菠萝肉 1 块，燕麦粉 20 克。

工具 tools ▼

搅拌器，面膜碗，面膜棒。

制作方法 diy beauty ▼

❶ 苹果、菠萝肉分别洗净切块，搅拌成泥。
❷ 将果泥、燕麦粉倒入面膜碗中。
❸ 用面膜棒搅拌均匀即成。

燕麦柠檬面膜

适用肤质	使用频率	面膜功效	保存期限
各种肤质	1~2次／周	去除角质	冷藏2天

美容功效 cosmetics effect ▼

这款面膜含有丰富的维生素C、柠檬果酸等营养素，能深层清洁肌肤。

材料 ingredients ▼

青苹果1个，柠檬1个，蜂蜜、面粉各10克。

工具 tools ▼

搅拌器，榨汁机，面膜碗，面膜棒。

制作方法 diy beauty ▼

❶ 苹果洗净切块，搅拌成泥；柠檬榨汁。

❷ 将苹果泥、柠檬汁、蜂蜜、面粉倒入面膜碗中，用面膜棒搅拌调匀即成。

橘子
燕麦
面膜

适用肤质	使用频率	面膜功效	保存期限
各种肤质	1~2次/周	清洁净化	冷藏2天

美容功效 cosmetics effect ▾

这款面膜能清除肌肤表面的老废角质，去除肌肤毛孔中多余的油脂与杂质。

材料 ingredients ▾

橘子1个，燕麦粉60克。

工具 tools ▾

面膜碗，面膜棒。

制作方法 diy beauty ▾

❶ 将橘子洗净切开，挤汁待用。
❷ 将橘子汁、燕麦粉倒入面膜碗中。
❸ 用面膜棒搅拌调匀即成。

芹菜 葡萄柚 面膜

❀ 适用肤质	使用频率	面膜功效	保存期限
油性 / 混合性	2~3 次 / 周	清洁保湿	冷藏 1 天

美容功效 cosmetics effect ▼

这款面膜能有效清除肌肤毛孔中多余的油脂，帮助清洁、净化、滋润肌肤，并能淡化疤痕，令肌肤润泽无瑕。

材料 ingredients ▼

芹菜 100 克，葡萄柚 50 克。

工具 tools ▼

搅拌器，面膜碗，面膜棒。

制作方法和使用方法 diy beauty and skin care ▼

❶ 芹菜洗净，切段；柚子去皮、子，取果肉。

❷ 将芹菜、葡萄柚搅拌成泥状，倒入面膜碗中，用面膜棒拌匀即成。

❸ 洁面后，将调好的面膜涂抹在脸上（避开眼部、唇部四周的肌肤），10 ~ 15 分钟后用温水洗净，用面膜棒拌匀即可。

蜂蜜
酸奶
面膜

适用肤质	使用频率	面膜功效	保存期限
各种肤质	1~2次/周	补水清洁	冷藏3天

美容功效 cosmetics effect ▼

这款面膜含氢昆类衍生物，可分解老化角质细胞，还可深层清洁皮肤。

材料 ingredients ▼

酸奶20克，蜂蜜10克。

工具 tools ▼

面膜碗，面膜棒，面膜纸。

制作方法和使用方法 diy beauty and skin care ▼

❶ 在面膜碗中加入酸奶、蜂蜜，用面膜棒调匀。

❷ 在调好的面膜中浸入面膜纸，泡开即成。

❸ 洁面后，将泡好的面膜纸敷在脸上（避开眼部、唇部四周的肌肤），10～15分钟后用温水洗净即可。

木瓜
燕麦
面膜

适用肤质	使用频率	面膜功效	保存期限
各种肤质	1~2 次 / 周	清洁净化	冷藏 3 天

美容功效 cosmetics effect ▼

这款面膜含丰富的木瓜酵素，能帮助溶解毛孔中堆积的皮脂及老化角质。

材料 ingredients ▼

燕麦片 20 克，木瓜 100 克，牛奶 15 克。

工具 tools ▼

榨汁机，面膜碗，面膜棒。

制作方法 diy beauty ▼

❶ 将燕麦片放入水中泡 6 ~ 8 小时，木瓜榨汁。
❷ 将燕麦片、木瓜汁、牛奶放入面膜碗中，用面膜棒搅拌均匀即可。

柠檬
蛋酒
面膜

适用肤质	使用频率	面膜功效	保存期限
混合性肤质	1~2 次 / 周	清洁润泽	冷藏 3 天

美容功效 cosmetics effect ▼
这款面膜富含丰富的维生素成分，能深层滋润净化肌肤，令肌肤润泽细腻。

材料 ingredients ▼
柠檬、鸡蛋各 1 个，奶粉 10 克，白酒 5 克。

工具 tools ▼
榨汁机，面膜碗，面膜棒。

制作方法 diy beauty ▼
❶ 柠檬洗净，榨汁，倒入面膜碗中。
❷ 鸡蛋取蛋黄放入面膜碗中，加入奶粉、白酒，用面膜棒搅拌均匀即成。

小苏打牛奶

面膜

适用肤质	使用频率	面膜功效	保存期限
各种肤质	1~3次/周	清洁净颜	冷藏3天

美容功效 cosmetics effect ▼

这款面膜能令肌肤毛孔张开，有效去除多余油脂，令肌肤变得清透、洁净。

材料 ingredients ▼

牛奶、小苏打各10克。

工具 tools ▼

面膜碗，面膜棒。

制作方法 diy beauty ▼

❶ 在面膜碗中加入牛奶、小苏打，用面膜棒搅拌均匀。

❷ 在牛奶中浸入面膜纸，泡开即成。

酵母牛奶
面膜

适用肤质	使用频率	面膜功效	保存期限
各种肤质	1~3次/周	清洁美白	冷藏1天

美容功效 cosmetics effect ▼

这款面膜含有极佳的美白因子，能深层清洁肌肤，改善肌肤暗沉，令肌肤更清透。

材料 ingredients ▼

干酵母15克，牛奶50克。

工具 tools ▼

微波炉，面膜碗，面膜棒。

制作方法和使用方法 diy beauty and skin care ▼

❶ 牛奶入微波炉加热，置于面膜碗中。

❷ 在碗中加入干酵母，用面膜棒搅拌均匀即可。

❸ 洁面后，将调好的面膜涂抹在脸上（避开眼部、唇部四周的肌肤），10～15分钟后用温水洗净即可。

番茄牛奶面膜

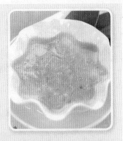

适用肤质	使用频率	面膜功效	保存期限
油性肤质	1~3 次 / 周	清洁控油	冷藏 2 天

美容功效 cosmetics effect ▼

这款面膜含有丰富的护肤有效成分，能深层清洁油性肤质肌肤，抑制多余油脂的分泌，令肌肤变得清透细嫩。

材料 ingredients ▼

番茄 1 个，牛奶 10 克，蜂蜜 1 匙，面粉 30 克。

工具 tools ▼

榨汁机，面膜碗，面膜棒。

制作方法和使用方法 diy beauty and skin care ▼

❶ 将番茄洗净切块，放入榨汁机榨成汁。

❷ 将番茄汁、牛奶、蜂蜜、面粉放入面膜碗中。

❸ 用面膜棒充分搅拌，调和成糊状即成。

❹ 洁面后，将调好的面膜涂抹在脸上（避开眼部、唇部四周的肌肤），10 ～ 15 分钟后用温水洗净即可。

薄荷牛奶面膜

适用肤质	使用频率	面膜功效	保存期限
各种肤质	2~3 次 / 周	清洁祛痘	冷藏 3 天

美容功效 cosmetics effect ▼

薄荷性寒、味辛，具有独特的清凉感及渗透能力，能深层清洁肌肤毛孔，改善黑头、粉刺等多种肌肤问题，令肌肤柔嫩清透。

材料 ingredients ▼

牛奶 10 克，薄荷叶 3 克。

工具 tools ▼

锅，纱布，面膜碗，面膜棒，面膜纸。

制作方法和使用方法 diy beauty and skin care ▼

❶ 薄荷叶入锅煮水，用纱布滤水，置于面膜碗中。

❷ 在面膜碗中加入牛奶，用面膜棒搅拌均匀。

❸ 在调好的面膜中浸入面膜纸，泡开即成。

❹ 洁面后，将浸泡好的面膜取出敷在脸上，挤出气泡，压平面膜，静待 10 ～ 15 分钟后取下面膜，用温水洗净即可。

燕麦片牛奶
面膜

适用肤质	使用频率	面膜功效	保存期限
各种肤质	1~2 次 / 周	清洁润泽	冷藏 3 天

美容功效 cosmetics effect ▼

这款面膜可深层净化及润泽肌肤，吸附面部多余油脂及深层清洁毛孔。

材料 ingredients ▼

燕麦片 20 克，脱脂牛奶 10 克。

工具 tools ▼

面膜碗，面膜棒。

制作方法 diy beauty ▼

❶ 将燕麦片放入冷水中泡 2 ~ 3 小时（不要用热水，防止麦片变成糊状）。

❷ 再将燕麦片、脱脂牛奶搅拌均匀即成。

番茄菊花 面膜

适用肤质	使用频率	面膜功效	保存期限
油性肤质	1~2 次 / 周	清洁淡斑	立即使用

美容功效 cosmetics effect ▼

这款面膜含丰富的维生素 C，具有祛除角质、淡化皮肤色素及美白肌肤的作用。

材料 ingredients ▼

小番茄 5 个，干菊花 6 朵，奶粉 15 克。

工具 tools ▼

面膜碗，面膜棒，纱布。

制作方法 diy beauty ▼

❶ 菊花泡开，用纱布滤取菊花水入面膜碗。
❷ 将小番茄洗净，捣成泥状，与奶粉一同放入菊花水中，用面膜棒调匀即成。

绿茶芦荟面膜

适用肤质	使用频率	面膜功效	保存期限
各种肤质	1~2 次 / 周	清洁净化	冷藏 3 天

美容功效 cosmetics effect ▼

这款面膜含有丰富的芦荟凝胶、儿茶素、茶多酚及维生素 C 等美容成分，能深层清洁肌肤，清除老废角质与油脂。

材料 ingredients ▼

芦荟叶 1 片，绿茶粉 30 克，蜂蜜 1 小匙。

工具 tools ▼

榨汁机，面膜碗，面膜棒。

制作方法和使用方法 diy beauty and skin care ▼

❶ 芦荟叶去皮洗净，入榨汁机榨取芦荟汁。

❷ 将芦荟汁、绿茶粉、蜂蜜一同倒入面膜碗中。

❸ 用面膜棒充分搅拌，调和成稀薄适中的糊状即成。

❹ 洁面后，将调好的面膜涂抹在脸上（避开眼部、唇部四周的肌肤），10 ~ 15 分钟后用温水洗净即可。

柠檬
维生素
面膜

适用肤质	使用频率	面膜功效	保存期限
各种肤质	1~2 次 / 周	清洁美白	冷藏 3 天

美容功效 cosmetics effect ▼

这款面膜可分解皮肤的老化角质细胞，去除表皮死亡细胞，深层清洁皮肤。

材料 ingredients ▼

酸牛奶 15 克，蜂蜜 10 克，柠檬 1 个，维生素 E 胶囊 5 粒。

工具 tools ▼

榨汁机，汤匙，面膜碗。

制作方法 diy beauty ▼

柠檬洗净榨汁，加入酸牛奶、蜂蜜、维生素 E 调匀即成。

第十章
防晒修复面膜

　　防晒面膜能补充肌肤失去的水分及维生素，抑制晒后黑色素沉淀。修复面膜能迅速安抚镇静过敏受损的肌肤，缓解痕痒脱屑、晒后红肿等肌肤问题。

维C
黄瓜
面膜

适用肤质	使用频率	面膜功效	保存期限
各种肤质	1~2 次 / 周	美白滋润	冷藏 3 天

美容功效 cosmetics effect ▼

维生素 C 具有极佳的天然抗氧化功效，能抑制酪氨酸酶活性，避免黑斑、雀斑生成，预防晒后肌肤受损，排出已形成黑色素，淡化斑点。

材料 ingredients ▼

黄瓜半根，维生素 C 1 片，橄榄油 10 克。

工具 tools ▼

搅拌器，面膜碗，面膜棒。

制作方法和使用方法 diy beauty and skin care ▼

❶ 黄瓜洗净切块，放入搅拌器打成泥状。

❷ 用勺子将维生素 C 片碾成细粉。

❸ 将黄瓜泥、维生素 C、橄榄油一同倒在面膜碗中，用面膜棒充分搅拌即成。

❹ 洁面后，将调好的面膜涂抹在脸上（避开眼部、唇部四周的肌肤），10 ~ 15 分钟后用温水洗净即可。

黄瓜蛋清
面膜

适用肤质	使用频率	面膜功效	保存期限
各种肤质	2~3 次 / 周	修复防晒	冷藏 2 天

美容功效 cosmetics effect ▼

这款面膜含丰富维生素 C 及矿物质等成分，能改善肌肤晒后受损的状况。

材料 ingredients ▼

黄瓜 1 根，鸡蛋 1 个。

工具 tools ▼

榨汁机，面膜碗，面膜棒。

制作方法和使用方法 diy beauty and skin care ▼

❶ 将黄瓜洗净切块，用榨汁机榨汁备用。

❷ 将鸡蛋磕开，滤去蛋清。

❸ 将鸡蛋液、黄瓜汁倒入面膜碗，用面膜棒搅拌均匀即成。

❹ 洁面后，将调好的面膜涂抹在脸上（避开眼部、唇部四周的肌肤），10 ～ 15 分钟后用温水洗净即可。

黄瓜
面膜

适用肤质	使用频率	面膜功效	保存期限
各种肤质	3～5次/周	晒后修复	冷藏3天

美容功效 cosmetics effect ▼

黄瓜中富含维生素、核黄素、果酸、黄瓜酶等营养
成分，能修复受损的肌肤细胞，具有极强的晒后修
复功效。

材料 ingredients ▼

黄瓜1根。

工具 tools ▼

刀，纱布。

制作方法和使用方法 diy beauty and skin care ▼

❶ 将黄瓜洗净，用刀拍碎。

❷ 将黄瓜碎用纱布包住，把纱布敷在面部。

❸ 洁面后，将包有黄瓜的纱布敷在晒伤的面部，每
天两次，直至皮肤灼痛消失。

芦荟黄瓜鸡蛋

面膜

适用肤质	使用频率	面膜功效	保存期限
各种肤质	1～2次/周	润泽防晒	冷藏2天

美容功效 cosmetics effect ▼

这款面膜能深层润泽肌肤，补充肌肤细胞所需营养与水分，有效改善晒后肌肤粗糙、暗沉的状况。

材料 ingredients ▼

黄瓜半根，芦荟1片，鸡蛋1个，面粉适量。

工具 tools ▼

榨汁机，面膜碗，面膜棒。

制作方法和使用方法 diy beauty and skin care ▼

❶ 将芦荟洗净去皮，黄瓜洗净切块，一同放入榨汁机中榨汁；鸡蛋磕开，打至泡沫状。

❷ 将榨好的汁液与鸡蛋液一同倒在面膜碗中，加入面粉，用面膜棒搅拌均匀即成。

❸ 洁面后，将调好的面膜涂抹在脸上（避开眼部、唇部四周的肌肤），10～15分钟后用温水洗净即可。

芦荟
晒后修复
面膜

适用肤质	使用频率	面膜功效	保存期限
各种肤质	1~2次/周	清凉镇静	冷藏3天

美容功效 cosmetics effect ▼

芦荟含有芦荟凝胶、活性酶等成分，具有消炎祛痘功效。甘菊含胆碱、菊苷等成分，能改善晒后色斑。

材料 ingredients ▼

芦荟叶1片，甘菊花4朵，维生素E胶囊2粒，薄荷精油1滴。

工具 tools ▼

锅，面膜碗，面膜棒。

制作方法 diy beauty ▼

❶ 芦荟洗净去皮，取芦荟肉；甘菊花洗净。

❷ 将芦荟肉、甘菊一同入锅，加入适量水，以小火煮沸，滤取汁液，晾至温凉。

❸ 将维生素E胶囊扎破，与芦荟液一同倒在面膜碗中。

❹ 滴入薄荷精油，用面膜棒调匀即成。

奶酪薰衣草面膜

适用肤质	使用频率	面膜功效	保存期限
各种肤质	1~2 次／周	防晒修复	冷藏 1 天

美容功效 cosmetics effect ▼

这款面膜能促进细胞再生，控制肌表油脂分泌，改善肌肤晒后不适状况。

材料 ingredients ▼

薰衣草精油 2 滴，奶酪 20 克，纯净水适量。

工具 tools ▼

面膜碗，面膜棒。

制作方法和使用方法 diy beauty and skin care ▼

① 将奶酪和纯净水放入面膜碗中。

② 在面膜碗中滴入精油，用面膜棒搅拌均匀即成。

③ 洁面后，将调好的面膜涂抹在脸上（避开眼部、唇部四周的肌肤），10～15分钟后用温水洗净即可。

胡萝卜蛋黄

面膜

适用肤质	使用频率	面膜功效	保存期限
各种肤质	1~2次/周	防晒修复	立即使用

美容功效 cosmetics effect ▼

这款面膜含丰富的维生素 A、维生素 C、维生素 D 和
维生素 E 可以令肌肤产生抗体，防止太阳辐射和空
气中有害物质对皮肤造成伤害，使肌肤细腻有光泽。

材料 ingredients ▼

胡萝卜 100 克，鸡蛋 1 个。

工具 tools ▼

榨汁机，面膜碗，面膜棒。

制作方法和使用方法 diy beauty and skin care ▼

❶ 胡萝卜洗净，去皮，放入榨汁机榨汁。

❷ 鸡蛋磕开，滤取鸡蛋黄。

❸ 将胡萝卜汁与蛋黄放入碗中，用面膜棒搅拌均匀
即成。

❹ 洁面后，将调好的面膜涂抹在脸上（避开眼部、
唇部四周的肌肤），10~15 分钟后用温水洗净即可。

木瓜 哈密瓜 面膜

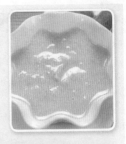

适用肤质	使用频率	面膜功效	保存期限
各种肤质	1~2 次 / 周	防晒抗衰	冷藏 3 天

美容功效 cosmetics effect ▼
这款面膜富含木瓜碱、胡萝卜素等营养素，能有效补充肌肤所需水分，对防晒修复、抗衰去皱极其有效。

材料 ingredients ▼
木瓜 1/4 个，哈密瓜 1 片，面粉 40 克。

工具 tools ▼
搅拌器，面膜碗，面膜棒。

制作方法和使用方法 diy beauty and skin care ▼
❶ 将木瓜、哈密瓜分别洗净，去皮去子，放入搅拌器打成泥。
❷ 将果泥、面粉一同倒入面膜碗中。
❸ 用面膜棒充分搅拌，调和成糊状，即成。
❹ 洁面后，将调好的面膜涂抹在脸上（避开眼部、唇部四周的肌肤），10～15 分钟后用温水洗净即可。

芦荟
葡萄柚
面膜

适用肤质	使用频率	面膜功效	保存期限
各种肤质	1~2次/周	晒后修复	冷藏2天

美容功效 cosmetics effect ▼

这款面膜富含芦荟凝胶等有效美肤成分，能修复日晒后受损的肌肤细胞，改善肌肤晒后敏感、红肿等不适状况。

材料 ingredients ▼

芦荟叶1片，葡萄柚3瓣，维生素E胶囊2粒，淀粉适量。

工具 tools ▼

榨汁机，面膜碗，面膜棒。

制作方法和使用方法 diy beauty and skin care ▼

❶ 芦荟洗净去皮切块，葡萄柚切块，榨汁。

❷ 将维生素E胶囊扎破，与芦荟液一同倒在面膜碗中。

❸ 加入淀粉，用面膜棒搅拌均匀即成。

❹ 洁面后，将调好的面膜涂抹在脸上（避开眼部、唇部四周的肌肤），10~15分钟后用温水洗净即可。

番茄玫瑰面膜

适用肤质	使用频率	面膜功效	保存期限
各种肤质	1~2次/周	防晒美白	冷藏1天

美容功效 cosmetics effect ▼

番茄含有超强抗氧化剂番茄红素等营养成分，有天然的防晒功效，能有效对抗光敏化自由基，防止晒黑，缓解肌肤晒后不适症状，帮助提亮肤色，同时还有极强的洁肤功效，重焕肌肤柔润光彩。

材料 ingredients ▼

番茄1个，玫瑰精油1滴，蜂蜜、面粉各15克。

工具 tools ▼

榨汁机，面膜碗，面膜棒。

制作方法和使用方法 diy beauty and skin care ▼

❶ 番茄洗净切块，放入榨汁机榨成汁。

❷ 将番茄汁、玫瑰精油、蜂蜜、面粉一同倒在面膜碗中。

❸ 用面膜棒搅拌均匀，调成泥状即成。

❹ 洁面后，将调好的面膜涂抹在脸上（避开眼部、唇部四周的肌肤），10~15分钟后用温水洗净即可。

草莓泥
面膜

适用肤质	使用频率	面膜功效	保存期限
各种肤质	1~3次/周	防晒修复	立即使用

美容功效 cosmetics effect ▼
这款面膜能补充受损肌肤所需的水分，帮助镇静修复晒后受损的肌肤细胞与组织。

材料 ingredients ▼
草莓100克。

工具 tools ▼
捣蒜器，面膜碗，面膜棒。

制作方法 diy beauty ▼
❶ 草莓去蒂，洗净，用捣蒜器捣成泥状，置于面膜碗中。
❷ 用面膜棒搅拌均匀即成。

胡萝卜红薯面膜

适用肤质	使用频率	面膜功效	保存期限
各种肤质	2~3次／周	补水修复	冷藏3天

美容功效 cosmetics effect ▼

这款面膜含有丰富的胡萝卜素，可修复晒后的肌肤组织，减少细纹。

材料 ingredients ▼

胡萝卜1根，红薯1个，蜂蜜适量。

工具 tools ▼

榨汁机，面膜碗，面膜棒。

制作方法和使用方法 diy beauty and skin care ▼

❶ 胡萝卜洗净，切块榨汁；红薯洗净去皮，蒸熟，压成泥状。

❷ 将胡萝卜汁、红薯泥、蜂蜜一同倒在面膜碗中。

❸ 用面膜棒充分搅拌，调和成糊状即成。

❹ 洁面后，将调好的面膜涂抹在脸上（避开眼部、唇部四周的肌肤），10～15分钟后用温水洗净即可。

薰衣草绿豆
面膜

适用肤质	使用频率	面膜功效	保存期限
各种肤质	1~2 次 / 周	防晒修复	冷藏 3 天

美容功效 cosmetics effect ▼

这款面膜富含维生素、氨基酸等成分，能促进受损细胞修复更新，改善肌肤晒后不适状况，令肌肤水嫩白皙。

材料 ingredients ▼

绿豆粉 40 克，薰衣草精油 1 滴，乳酪 10 克，纯净水适量。

工具 tools ▼

面膜碗，面膜棒。

制作方法和使用方法 diy beauty and skin care ▼

❶ 将绿豆粉、乳酪倒入面膜碗中。

❷ 滴入薰衣草精油，加入适量纯净水。

❸ 用面膜棒充分搅拌，调成均匀的糊状，即成。

❹ 洁面后，将调好的面膜涂抹在脸上（避开眼部、唇部四周的肌肤），10 ~ 15 分钟后用温水洗净即可。

番茄 水梨 面膜

适用肤质	使用频率	面膜功效	保存期限
各种肤质	1~2次/周	防晒修复	冷藏3天

美容功效 cosmetics effect ▼

这款面膜特别针对晒后红肿、灼痛、蜕皮等肌肤不适状况，能提升肌肤的抵抗力，防止皮肤老化，预防色斑。

材料 ingredients ▼

水梨、番茄各1个，苹果半个，面粉适量。

工具 tools ▼

榨汁机，面膜碗，面膜棒。

制作方法和使用方法 diy beauty and skin care ▼

❶ 将水梨、番茄、苹果洗净去皮去核，放入榨汁机中打成汁。

❷ 将果汁、面粉倒入面膜碗，用面膜棒拌匀即成。

❸ 洁面后，将调好的面膜涂抹在脸上（避开眼部、唇部四周的肌肤），10～15分钟后用温水洗净即可。

豆腐牛奶
面膜

适用肤质	使用频率	面膜功效	保存期限
各种肤质	1~2 次 / 周	抗敏镇静	冷藏 3 天

美容功效 cosmetics effect ▼

这款面膜富含大豆异黄酮、大豆卵磷脂，能有效缓解晒后肌肤受损状况。

材料 ingredients ▼

豆腐 50 克，牛奶 10 克。

工具 tools ▼

捣蒜器，面膜碗，面膜棒。

制作方法 diy beauty ▼

❶ 将豆腐切块，放入捣蒜器中捣成泥。

❷ 将豆腐泥、牛奶一同置于面膜碗中。

❸ 用面膜棒充分搅拌，调成糊状即成。